Dieter Grillmayer

KARTOGRAPHIE

Dieter Grillmayer

Früchte der Mathematik:

KARTOGRAPHIE

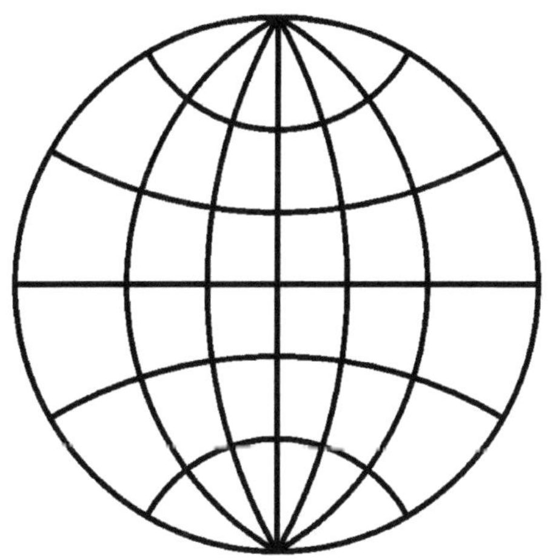

Bibliographische Information der Deutschen Bibliothek:
Die Deutsche Bibliothek verzeichnet diese Publikation in der Deutschen Nationalbibliographie;
detaillierte bibliographische Daten sind im Internet über http://dnb.ddb.de abrufbar

ISBN: 9783748144595
Zweite, verbesserte Auflage

Herstellung und Verlag:
BoD - Books on Demand, Norderstedt

Inhaltsverzeichnis

Vorwort

Dem Thema dieser Publikation gilt mein besonderes Interesse vom ersten Kennenlernen an. Dieses fiel in die Zeit meines Geometrie-Studiums an der TU Wien, beschränkte sich allerdings auf die konstruktive Behandlung, also die Herstellung von Bildern eines Globus, vornehmlich seines Gradnetzes, durch Zentral- oder Normalprojektion. Auch im Rahmen meines DG-Unterrichts bin ich immer wieder gerne auf entsprechende Beispiele zurückgekommen, wie sich das im Zuge von Kreis- und Kugeldarstellungen anbietet.

Aufgrund meiner seinerzeitigen Tätigkeit als Lehrbuchautor nicht ganz ungeübt, habe ich im beruflichen Ruhestand das Bücherschreiben zu einem bevorzugten Zeitvertreib gemacht. Die Inhalte überschreiten die Grenzen meiner akademischen Ausbildung erheblich, doch bildet sich diese selbstverständlich auch darin ab. So sind in den Jahren 2009 und 2010 zwei Bücher „Im Reich der Geometrie“ entstanden, die den entsprechenden Schulunterricht nachvollziehen, aber doch ein gutes Stück über das Reifeprüfungsniveau hinausgehen. Wo es mir angebracht erscheint, da weise ich in dieser Schrift mit „RG I“ bzw. „RG II“ samt Seitenangaben auf sachdienliche Aussagen in diesen Büchern hin. Weiters habe ich vor ein paar Jahren mit einer kleinen Abhandlung die Grundlagen der Infinitesimalrechnung präzise und verständlich darzulegen versucht. Diesem „Schätze der Mathematik: Folgen und Reihen“ genannten Ausflug in die reine Wissenschaft füge ich nun mit „Früchte der Mathematik: Kartographie“ ein wenig angewandte Mathematik hinzu.

An Veröffentlichungen zu diesem Thema ist kein Mangel, allerdings vorwiegend auf einem mathematischen Niveau, das einen (auch „guten“) Absolventen einer Allgemeinbildenden Höheren Schule (eines Gymnasiums) überfordert. Hingegen verfolge ich das Ziel, mit diesem Büchlein die Materie einem größeren Kreis interessierter Leserinnen und Leser nahezubringen. Über die Gratwanderung bei der Abfassung mathematischer Texte zwischen Stringenz und Verständlichkeit hat sich schon Johannes Kepler wie folgt geäußert: „Wahrt man nicht die gehörige Feinheit in den Sätzen, Erläuterungen, Beweisen und Schlüssen, dann ist das Buch kein mathematisches.

Wahrt man sie aber, dann wird die Lektüre sehr beschwerlich." Ich kann nur hoffen, dass ich diese Gratwanderung geschafft habe; Allgemeinbildung ist für mich jedenfalls das erste Anliegen.

Dazu gehört auch, einen möglichst breiten Einblick in die historische Entwicklung zu geben, die mit meiner Heimatstadt Steyr, mit meiner Geburts- und Studienstadt Wien sowie mit der österr. Kulturtradition eng verknüpft ist. Steyr ist die Geburtsstätte des Mathematikers und Kartographen Johannes Stabius, der um 1500 in Wien gelehrt hat, und meine berufliche Ausbildung verdanke ich einer Reihe hervorragender Wiener Universitätsprofessoren.

Dieser Reihe gingen mit Emil Müller und Erwin Kruppa die Autoren eines DG-Lehrbuches mit markanten kartographischen Texten voraus und folgten mit dem Geodäten Kurt Bretterbauer (siehe Personenregister) und mit Hans Havlicek zwei Professoren nach, deren Arbeiten mir bei der Abfassung dieser Publikation eine große Hilfe waren. Insbesondere hat mir Herr Univ.-Prof. Dr. Hans Havlicek vom Geometrie-Institut der TU Wien freundlicherweise viele Zeichnungen geliefert und zur Veröffentlichung freigegeben, in welchen neben dem Gradnetz des Globus auch die Konturen der Kontinente zu sehen sind. Sie beruhen auf einem von ihm geschriebenen Basic-Programm aus dem Jahr 2006. Als weiterer Informationsgeber soll auch der Wiener Historiker Univ.-Prof. Dr. Helmuth Grössing genannt werden, ein ausgewiesener Fachmann auf dem Gebiet des Humanismus im 15. und 16. Jahrhundert in Österreich.

Schließlich darf ich noch erwähnen, dass der von mir mehrfach als „Beispielsammlung" genannte Diercke-Schulatlas des Westermann-Verlages von meinem ehemaligen Lehrerkollegen am BG und BRG Steyr, Herrn OStR. Mag. Franz Forster, maßgeblich mitgestaltet wurde und dass mir mein Fachkollege OStR. Mag. Willi Nowak (BRG Steyr-Michaelerplatz), wie schon bei früheren Gelegenheiten, als Figurenzeichner und Korrekturleser hilfreich zur Seite gestanden ist. Es ist wohl selbstverständlich, dass ich mich dafür bei ihm auch im Rahmen dieses Vorwortes recht herzlich bedanke.

Dieter Grillmayer

Abschnitt 1:

Einführung

Im ersten Abschnitt wird das Thema dieser Publikation zunächst allgemein, also ohne das Eingehen auf konkrete Verfahren und Beispiele behandelt, wenn man von der orthographischen Projektion absieht. Der Abschnitt dient vor allem der Einführung von Begriffen und der Erklärung ihrer Inhalte sowie der Bereitstellung des mathematischen Rüstzeugs, das für die nachfolgenden Erörterungen benötigt wird.

1.1 Der Gegenstand der Kartographie

Kartographie ist die Lehre von der Herstellung ebener Abbildungen von Himmelskörpern und insbesondere der Erdoberfläche, sowohl in ihrer Gesamtheit wie auch in Teilen davon. Solche Bilder werden umgangssprachlich als *Landkarten* bezeichnet, in der Wissenschaft als *Kartenentwürfe* bzw. *Kartennetzentwürfe* (oder auch nur *Netzentwürfe*) für den Fall, dass es sich um Abbildungen der Erde einschließlich des diese überziehenden *Gradnetzes* (Meridiane und Breitenkreise) handelt.

In dem vom Westermann-Verlag herausgegebenen „Diercke – Schulatlas Österreich“ ist das gegenständliche Thema kurz und prägnant wie folgt beschrieben:

„Eine Karte ist das verebnete Modell einer Kugeloberfläche. Ohne Verzerrung ist die Verebnung nicht möglich. Daher wird die Verebnungsmethode dem Verwendungszweck der Karte angepasst. Ein Kartennetzentwurf kann flächentreu (z. B. Schulatlaskarte) oder winkeltreu (z. B. Navigationskarte) sein. Längentreue kann nur für ausgewählte Linien eingehalten werden. Die Abbildung erfolgt auf eine Ebene, auf einen Kegel oder auf einen Zylinder.“

Diese Erklärung schränkt das Thema insofern ein, als nur von der Verebnung einer Kugeloberfläche die Rede ist. Diese Einschränkung ist sinnvoll und trifft grosso modo auch auf den Inhalt dieser Publikation zu. Auf eine exaktere Art und Weise der Erdabbildung soll aber zumindest hingewiesen werden, weil diese in der Geodäsie eine erhebliche Rolle spielt.

Die (griech.) Vorsilbe *Geo* steht für „die Erde betreffend“, z. B. in der *Geographie* („Erdbeschreibung“), in der *Geometrie* („Erdmessung“, durch Abstraktion zu einer mathematischen Disziplin erweitert) und in der *Geodäsie* („Erdteilung“ im Sinne von Feldteilung bzw. Landvermessung).

Aus exakt geometrischer Sicht erfolgt die Abbildung der Erdoberfläche in mehreren Schritten. Der erste Schritt besteht darin, den Himmelskörper selbst auf ein mathematisch definiertes und gut handhabbares dreidimensionales Modell abzubilden. Dabei handelt es sich um eine (mehr oder weniger exakte) räumliche Ähnlichkeitsabbildung, bei der alle Längen im selben Verhältnis verkleinert werden und alle Winkelgrößen erhalten bleiben. In einem zweiten, den wesentlichen Inhalt der Kartographie bildenden Schritt wird das Modell entweder direkt auf eine Ebene abgebildet oder auf Kegel- und Zylinderflächen, die sich (in einem dritten Schritt) verzerrungsfrei verebnen lassen. Genau genommen erfolgt die Abbildung auf Kegel- und Zylinderflächen aber nur gedanklich und spielt sich in Wirklichkeit bereits in der Verebnung ab.

Die konkrete Gestalt der Erde nennt sich *Geoid*, dem als reine geom. Form das abgeplattete („linsenförmige“) *Drehellipsoid* am nächsten kommt. Für Karten bis etwa zum Maßstab 1 : 2 Mio., bei denen das Äquatorbild mindestens 20 m lang ist, wird das Drehellipsoid als Erdmodell tatsächlich bevorzugt, bei kleineren Maßstäben dann aber durchgehend die Kugel.

Es gibt eine Reihe von international standardisierten *Erdellipsoiden*, die in der Landvermessung und in amtlichen Kartenwerken Verwendung finden. Das in Österreich verwendete, nach Friedrich W. Bessel (1784 bis 1846) benannte *Besselsche Erdellipsoid* stammt aus dem Jahr 1841 und definiert für die Erde einen Äquatorradius a von 6.377.397,155 m und einen Abstand b zwischen der Erdmitte und den beiden Polen von 6.356.078,963 m. Das ergibt ein Verhältnis a : b ≈ 1,00335 : 1, also eine Differenz a – b von ziemlich exakt einem Dreihundertstel.

1.2 Der Globus und sein Netz

Den weiteren Erörterungen liegt als Modell der Erde ein *Globus* zugrunde, das ist eine Kugel, die mit einem dem Gradnetz der Erde nachgebildeten Netz von Kreisen überzogen ist. Ältere Modelle, aus herkömmlichen Materialien gefertigt, sind oft kunstvoll gestaltet, die neueren vornehmlich aus Kunststoff und von innen beleuchtbar. Die Verbindungsgerade der Pole ist gegen die Waagrechte unter einem Winkel von ca. 66,56° geneigt und der Globus ist um diese Achse drehbar gelagert.

Der genannte Winkel wird als *Achsenneigung* gegenüber der *Ekliptikalebene* (der Bahnebene der Erde um die Sonne) bezeichnet und ist der Komplementärwinkel zur *Schiefe der Ekliptik.* Für unser Thema spielen diese Dinge aber keine Rolle. Umso wichtiger ist die Achsenneigung aber für das Leben auf der Erde, ist diese doch für den Einfallswinkel der Sonnenstrahlen und für den Wechsel der Jahreszeiten maßgeblich. Auch die Bedeutung der beiden *Wendekreise* und der beiden *Polarkreise* fußt auf der Achsenneigung und ist der angegebene Winkel für deren Lage maßgeblich.

Begrifflich erfolgt eine Gleichsetzung von Erde, Globus und Kugel, wir sprechen daher auch von einer *Erdkugel*, einem *Erdmittelpunkt* M und einer *Erdachse* a = (NS) als jener Geraden, auf welcher (neben M) der *Nordpol* N und der *Südpol* S liegen.

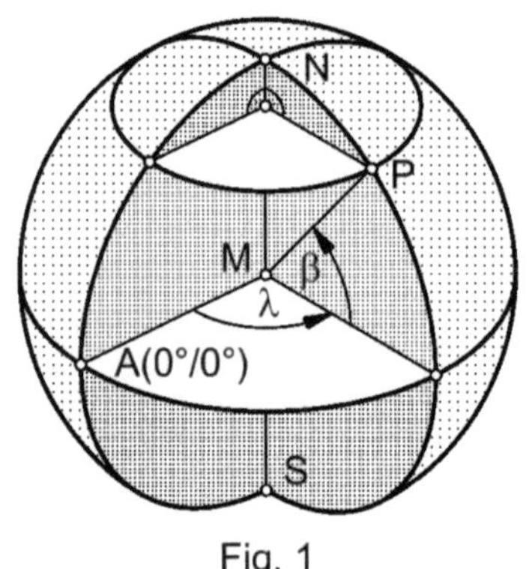

Fig. 1

Das Gradnetz des Globus besteht einerseits aus den *Längenkreisen*, die durch zwei einander diametral gegenüberliegende Punkte (sogenannte *Antipoden*) N und S gehen, und andererseits aus den *Breitenkreisen*, welche die Längenkreise rechtwinklig schneiden und deren Trägerebenen zur Erdachse normal sind, wie in Fig. 1 illustriert ist.

Durch die Punkte N und S wird jeder Längenkreis in zwei (von lat. meridianus „mittägig" abgeleitete) *Meridiane* geteilt, über denen um 12 Uhr Mittag (wahre Ortszeit) die Sonne steht. Das von je zwei Meridianen begrenzte Flächenstück wird als *sphärisches Zweieck* bezeichnet.

Alle Punkte auf demselben Meridian haben dieselbe *geographische Länge* λ, alle Punkte auf demselben Breitenkreis haben dieselbe *geographische Breite* β. Durch das geordnete Paar (λ, β) von Winkelwerten ist jeder Punkt auf dem Globus eindeutig festgelegt. Ihm entspricht der durch dieselben *geographischen Koordinaten* ausgezeichnete Ort auf der Erde. (Die Meridiane auf der Erde sind zwar eher Halbellipsen als Halbkreise, was aber im Sinne obiger Vereinbarungen i. A. unberücksichtigt bleibt.)

Der Meridian durch das Observatorium von Greenwich (England) wird als *Nullmeridian* (λ = 0°) definiert, die zweite Hälfte des betreffenden Längenkreises ist die *Datumsgrenze* (λ = 180°). Diese Festlegung ist willkürlich; bis 1884 war für Europa der *Meridian von Ferro*, das ist die westlichste Insel der Kanaren, als Nullmeridian maßgeblich. Weitere Informationen dazu enthält UA 4.8. Blickt man, auf dem Nullmeridian stehend, nach Norden, so hat man rechter Hand die östliche und linker Hand die westliche Erdhälfte bzw. auf dem Globus die *östliche* bzw. die *westliche Halbkugel*. Die geographische (östliche oder westliche) Länge λ ≤ 180° aller Punkte eines Meridians ist der Winkel, den die Halbebene, in welcher der Meridian liegt, mit der Halbebene des Nullmeridians bildet.

Der *Äquator* als größter Breitenkreis wird mit der Breite $\beta = 0°$ belegt. Er teilt die Erde in eine nördliche und in eine südliche Hälfte bzw. den Globus in eine *nördliche* und eine *südliche Halbkugel.* Die geographische (nördliche oder südliche) Breite $\beta \leq 90°$ aller Punkte eines Breitenkreises ist der Winkel, den ihre Verbindungsstrecken zum Kugelmittelpunkt M mit der Äquatorebene bilden. In Fig. 1 hat der Punkt A als Schnittpunkt des Nullmeridians mit dem Äquator das Zahlenpaar (0, 0) zu geogr. Koordinaten und der Punkt P das Zahlenpaar (λ, β). Polar- und Wendekreise sind Breitenkreise; ihre β-Werte werden von der Achsenneigung bestimmt.

Um hinsichtlich der mathematischen Behandlung Eindeutigkeit zu erzielen ist es notwendig, die geographischen Koordinaten mit einem Vorzeichen zu versehen, und zwar: Die östlichen Längen und die nördlichen Breiten werden positiv, die westlichen Längen und die südlichen Breiten negativ konnotiert.

Eine weitere Festlegung besteht darin, dass der Radius der abzubildenden Kugel die Längeneinheit definiert, auf die sich alle weiteren (unbenannten) Längenmaßzahlen beziehen. Ein *Kugelgroßkreis*, das ist ein Kreis, dessen Radius der Kugelradius ist, hat somit immer die Länge $u = 2\pi$, worauf sich bekanntlich auch das *Bogenmaß* $\operatorname{arc}\alpha$ eines Winkels α gründet:

$$\operatorname{arc}\alpha : \alpha = \pi : 180° \qquad (1)$$

Man beachte, dass nach dieser Definition das Vorzeichen des Winkels α auch das Vorzeichen von $\operatorname{arc}\alpha$ bestimmt. (Bei Taschenrechnern wird der Bogenmaß-Modus eines Winkels in der Regel mit RAD angezeigt.) Im Übrigen werden in dieser Publikation alle Winkelgrößen im Gradmaß angegeben, aber nur konkrete Werte in der Regel mit dem Gradzeichen ° versehen. (Siehe oben 180°, aber α, nicht $\alpha°$.) Das bedeutet umgekehrt, dass die zu einem Winkel α gehörige (orientierte) Bogenlänge auf dem *Einheitskreis* ($r = 1$, $u = 2\pi$) immer mit $\operatorname{arc}\alpha$ symbolisiert wird.

1.3 Koordinatengeometrie

Die Koordinatengeometrie ist eine Frucht des französischen Universalgenies René Descartes (siehe Personenregister) vulgo Cartesius. Seine Königsidee, Punkte eines zweidimensionalen Raumes R_2 umkehrbar eindeutig (= bijektiv) auf geordnete Zahlenpaare und Punkte des dreidimensionalen Raumes R_3 bijektiv auf geordnete Zahlentripel abzubilden, hat die Geometrie revolutioniert. Jede Ebene ist ein R_2 und unser Lebensraum ist der R_3.

Descartes zu Ehren nennt man ein zweiachsiges Koordinatensystem Uxy und ein dreiachsiges Koordinatensystem Uxyz kartesisch, wenn die als maßstabsgleiche Zahlengeraden ausgebildeten *Koordinatenachsen* x, y bzw. x, y, z im gemeinsamen *Koordinatenursprung* U paarweise normal aufeinander stehen und wenn die positiven Halbachsen x^+, y^+ bzw. x^+, y^+, z^+ durch Vierteldrehungen im *positiven Drehsinn*, also gegen den Uhrzeiger, ineinander übergeführt werden können.

Ebene Koordinatengeometrie

In jeder mit einem *Achsenkreuz* Uxy ausgestatteten Ebene, welche dadurch in vier *Quadranten* geteilt wird, kann eine Zuordnung P $\leftrightarrow$ (x, y) wie folgt vorgenommen werden (Fig. 2): Die aus P auf die x-Achse und auf die y-Achse gefällten Normalen schneiden diese in zwei Punkten P_x bzw. P_y; die zugehörigen Zahlenwerte x, y auf den beiden Zahlengeraden sind dann die zu P gehörigen *kartesischen Koordinaten.* (Der Begriff leitet sich von lat. coordinare „zuordnen" ab.) Die genannte Zuordnung wird in dieser Publikation durchgehend mit P(x, y) angezeigt, sodass also dem Namen des Punktes sein Ortsvektor in Zeilenschreibweise beigefügt ist. In diesem Sinn gilt U(0, 0), P_x(x, 0) und P_y(0, y).

Eine zweite Möglichkeit, dem Punkt P zwei Zahlen bijektiv als Koordinaten zuzuordnen, besteht darin, P mit dem Ursprung U zu verbinden. Das Zahlenpaar besteht in diesem Fall aus dem *Polarwinkel* φ, den der Ortsvektor $\vec{p}$ (*Radiusvektor*) mit der positiven Hälfte der x-Achse – in diesem Zusammenhang auch als *Nullachse* bezeichnet – einschließt, und aus der Länge $\overline{UP} = r > 0$ des Radiusvektors. Der Winkel φ wird üblicherweise, von der Nullachse ausgehend, im positiven Sinn gemessen. Für unsere Zwecke ist die Verwendung negativer Winkelwerte jedoch günstiger; dazu werden die positiven Winkelwerte mit 180° begrenzt, für alle Punkte mit negativen y-Koordinaten die zugehörigen Winkel im Uhrzeigersinn gemessen und die Winkelwerte negativ konnotiert. Die Werte φ, r sind die zu P gehörigen *Polarkoordinaten*; dafür und für alle anderen Koordinatenangaben, die Winkelwerte enthalten, soll die Schreibweise P(φ/r) gelten, also z. B. $P_x(0°/x)$ und $P_y(90°/y)$. Der Ursprung ist bereits durch r = 0 festgelegt.

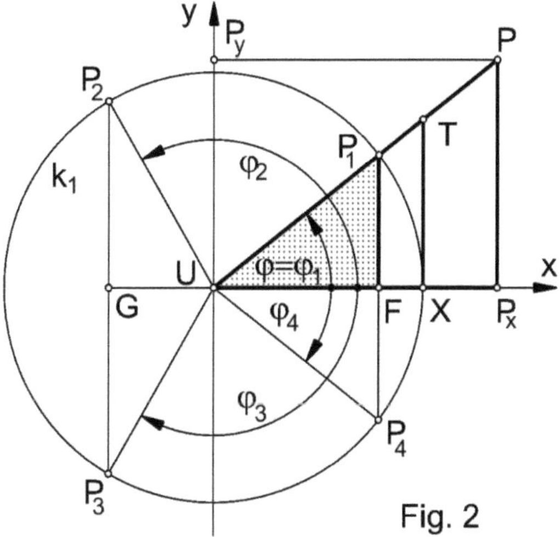

Fig. 2

Bei der rechnerischen Behandlung der Kartographie spielen die *Winkelfunkionen* eine entscheidende Rolle. Entsprechende Kenntnisse werden hier vorausgesetzt, können aber anhand von Fig. 2 aufgefrischt werden. Zu diesem Zweck sind in ihr der Einheitskreis $k_1[M = U; r = 1]$ und auf k_1 die Punkte P_1 im ersten, P_2 im zweiten, P_3 im dritten und P_4 im vierten Quadranten des Systems Uxy eingezeichnet. Nach den in jedem rechtw. Dreieck geltenden Grundregeln „Sinus = Gegenkathete : Hypotenuse" und „Cosinus = Ankathete : Hypotenuse" sind deren y-Koordinaten die Sinuswerte und deren x-

Koordinaten sind die Cosinuswerte der Winkel φ_1, φ_2, φ_3 und φ_4. Die y-Koordinate des über dem Punkt X(1, 0) auf dem zweiten Winkelschenkel von φ liegenden Punktes T ist nach der Regel „Tangens = Gegenkathete : Ankathete" der Tangenswert von $\varphi < 90°$, und aus $\cos\varphi : \sin\varphi = 1 : \tan\varphi$ ergibt sich $\tan\varphi_1 = \frac{\sin\varphi_1}{\cos\varphi_1}$. Dieser Bruch gilt als Definition des Tangenswerts ganz allgemein, also auch für φ_2, φ_3 und φ_4. Daraus folgt:

1. Die Sinuswerte im 1. und 2. Quadranten sind positiv bzw. $\sin 0° = \sin 180° = 0$, für Winkel im 3. und 4. Quadranten negativ.

2. Die Cosinuswerte im 1. und 4. Quadranten sind positiv bzw. $\cos 90° = \cos(-90°) = 0$, für Winkel im 2. und 3. Quadranten negativ.

3. Die Tangenswerte sind im 1. und 3. Quadranten positiv bzw. $\tan 0° = \tan 180° = 0$, für Winkel im 2. und 4. Quadranten negativ. Für $\varphi = \pm 90°$ existiert kein Tangenswert.

Diese drei Winkelfunktionen sind – einschließlich der inversen, welche den Funktionswerten die Winkel zuordnen – heutzutage auf jedem Taschenrechner verfügbar. (Der Cotangens ist als Kehrwert des Tangens ebenso einfach abrufbar.) Damit können die folgenden Umrechnungsformeln bedient werden, um Polarkoordinaten in kartesische Koordinaten zu verwandeln. Aus der Ähnlichkeit der Dreiecke UFP_1 und UP_xP folgt unmittelbar:

$$x = r.\cos\varphi,\ y = r.\sin\varphi \qquad (2)$$

Dies gilt auch als *Parameterdarstellung* aller Kreise in Ursprungslage k[M = U; r > 0]; die algebraische *Kreisgleichung* lautet nach Pythagoras $x^2 + y^2 = r^2$. Jedem Zahlenpaar (x, y), welches diese Gleichung erfüllt, ist genau ein Punkt P(x, y) auf der Kreislinie k zugeordnet und umgekehrt. Für den Einheitskreis k_1 gilt $x^2 + y^2 = 1$; daraus folgt unmittelbar $\sin^2\varphi + \cos^2\varphi = 1$, eine allgemeine Formel, welche es erlaubt, Sinuswerte aus Cosinuswerten zu berechnen und umgekehrt.

Für die Umwandlung von kartesischen Koordinaten in Polarkoordinaten gelten die Formeln

$$r = \sqrt{x^2 + y^2}\,,\ \tan\varphi = \frac{y}{x} \Rightarrow \varphi \qquad (3)$$

Ersteres folgt unmittelbar aus der algebraischen Kreisgleichung, Letzteres aus der Parameterdarstellung: $\frac{y}{x} = \frac{\sin\varphi}{\cos\varphi} = \tan\varphi$.

Räumliche Koordinatengeometrie

In Fig. 3 sind ein dreiachsiges Koordinatensystem Uxyz, wie bereits beschrieben, sowie der *Koordinatenquader* $UP_xP'P_yP_zP'''PP''$ eines Raumpunktes P in einem Parallelriss dargestellt.

Der Quader entsteht durch das Fällen der Lote durch P auf die (waagrecht gedachte) Ebene π_1, welche das ebene System Uxy trägt, auf die Ebene π_2, in der sich das Achsenkreuz Uyz befindet, und auf π_3, die Verbindungsebene der x-Achse mit der z-Achse. Die drei *Koordinatenebenen* π_1, π_2 und π_3 teilen den Raum in acht *Oktanten*.

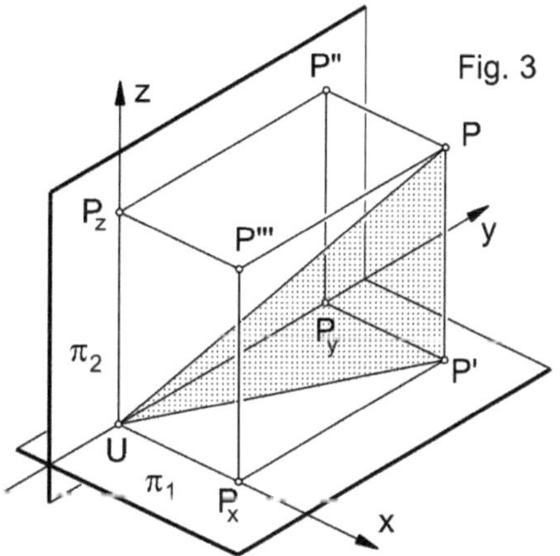

Die drei Lotfußpunkte werden, wie in der Darstellenden Geometrie üblich, als *Grundriss* P', *Aufriss* P'' bzw. *Kreuzriss* P''' von P bezeichnet.

Gilt für diese Punkte in ihren jeweiligen ebenen Systemen P'(x, y), P''(y, z) bzw. P'''(x, z), so bilden die Zahlen x, y und z die *kartesischen Koordinaten* des Raumpunktes P. Die Zuordnung $P \leftrightarrow (x, y, z)$

ist bijektiv. Die Zuordnung wird durch P(x, y, z) ausgedrückt; in diesem Sinn gilt U(0, 0, 0), P_x(x, 0, 0), P_y(0, y, 0), P_z(0, 0, z), P'(x, y, 0), P''(0, y, z) und P'''(x, 0, z).

Die Raumdiagonalen des Koordinatenquaders von P haben nach Pythagoras die Länge $r = \sqrt{x^2 + y^2 + z^2}$. Durch Quadrieren ergibt sich für eine Kugel κ[M = U; r > 0] in Ursprungslage die algebraische *Kugelgleichung* $x^2 + y^2 + z^2 = r^2$. Jedem Zahlentripel (x, y, z), welches diese Gleichung erfüllt, ist genau ein Punkt P auf der Kugel(ober)fläche zugeordnet und umgekehrt.

Auch im R_3 besteht die Möglichkeit, anstelle von kartesischen Koordinaten *Polarkoordinaten* zu verwenden; diese nehmen auf die geogr. Koordinaten λ und β Bezug.

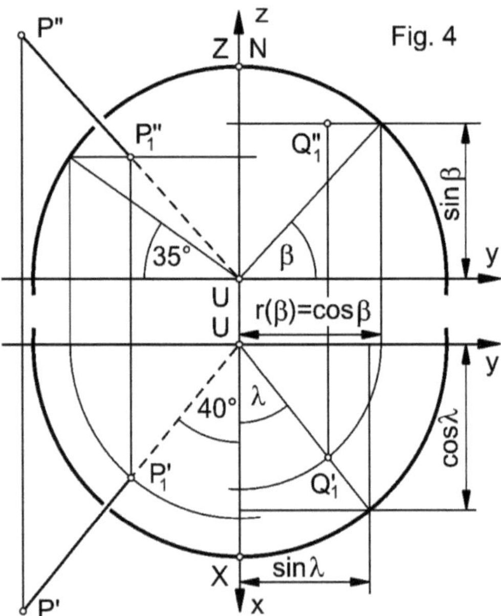

Fig. 4 zeigt Teile der *Einheitskugel* κ[M = U; r = 1] in Grund- und Aufriss. Identifiziert man die z-Achse mit der Erdachse a und den Punkt Z(0, 0, 1) mit dem Nordpol N, so bildet der Einheitskreis in der waagrechten Koordinatenebene π_1 den Äquator und der Einheitskreis in der Koordinatenebene π_3 kann als jener Längenkreis aufgefasst werden, der sich aus dem Nullmeridian und der Datumsgrenze zusammensetzt.

Meridiane erscheinen im Grundriss als Strecken, die mit dem auf der x-Achse liegenden Bild des Nullmeridians den Winkel λ einschließen. Breitenkreise erscheinen im Aufriss als zur z-Achse normale Strecken, deren Endpunkte auf den Bildern der Meridiane mit $\lambda = \pm 90°$ mittels ihrer geographischen Breiten β leicht zu ermitteln sind, und im Grundriss als Kreise.

In Fig. 4 ist der Punkt $P_1(-40°/35°) \in \kappa_1$ in Grund- und Aufriss dargestellt. Verlängert man die Strecke UP_1 über P_1 hinaus bis zu einem Punkt P(x, y, z) oder wählt man einen solchen innerhalb dieser Strecke, so bestimmt die Länge $r = \overline{UP} = \sqrt{x^2 + y^2 + z^2}$ als dritte Zahl (neben λ und β) die Lage von P eindeutig und umgekehrt. Es besteht also eine bijektive Abbildung $P \leftrightarrow (\lambda, \beta, r)$, und dieses Tripel bildet die Polar- oder *Kugelkoordinaten* von P. In Fig. 4 gilt P(-40°/35°/2). Die Punkte der z-Achse sind bereits durch $\beta = \pm 90°$ und r festgelegt, der Ursprung allein durch r = 0.

Grund- und Aufriss eines Punktes $Q_1 \in \kappa_1$ dienen der Herleitung der Umrechnungsformeln. Dem Aufriss Q_1'' sind die z-Koordinate $z = \sin\beta$ von Q_1 und der Radius $r(\beta) = \cos\beta$ des zu β gehörigen Breitenkreises unmittelbar zu entnehmen. $r(\beta)$ ist die Hypotenusenlänge des Dreiecks, dessen Kathetenlängen die x- bzw. y-Koordinate von Q_1' und damit auch von Q_1 sind. Für sie gelten die Proportionen $r(\beta) : x = 1 : \cos\lambda$ und $r(\beta) : y = 1 : \sin\lambda$, womit das folgende Ergebnis erzielt ist:

$$x = \cos\beta . \cos\lambda, \; y = \cos\beta . \sin\lambda, \; z = \sin\beta \qquad (4)$$

Das gilt auch als *Parameterdarstellung* der Einheitskugel κ_1 in Ursprungslage. Für $r \neq 1$ ist jeder der drei Funktionsterme noch um den Faktor r zu erweitern. Hinsichtlich der Umrechnung von kartesischen Koordinaten in Kugelkoordinaten beginnt man mit r anhand der bereits angegebenen Formel, dann folgt β aus r und der z-Koordinate und zuletzt λ aus r, β und der x- oder der y-Koordinate.

Übung: Mit den Zahlen ±2, ±3 und ±6 als Punktkoordinaten können 48 verschiedene Raumpunkte festgelegt werden, für welche alle r = 7 gilt. Das ergibt 48 Beispiele für die Berechnung der zugehörigen Winkel λ und β.

1.4 Kartenentwürfe und ihre Eigenschaften

Dass die Abbildungen des Globus auf eine Ebene eine ganze Lehre begründen, liegt einzig und allein daran, dass die Kugelfläche (im Unterschied zu Kegel- oder Zylinderflächen) nicht ohne Falten und Risse in eine Ebene ausgebreitet werden kann. Eine völlig unverzerrte und damit *längentreue Abbildung* auch nur einer Teilfläche des Globus ist also nicht möglich, wohl aber eine längentreue Abbildung einzelner Linien.

Andere geometrische Eigenschaften, also z. B. Winkelgrößen oder Flächeninhalte, lassen sich hingegen unverändert von der Kugelfläche auf eine Ebene übertragen. Man spricht in diesem Fall von einer *winkeltreuen* (oder *konformen*) bzw. von einer *flächentreuen* (oder *äquivalenten*) *Abbildung*, hinsichtlich des Ergebnisses von einem *winkeltreuen* bzw. *flächentreuen Kartenentwurf.* Es ist aber nicht möglich, beide Eigenschaften gleichzeitig zu erzielen. Winkeltreue Karten gewährleisten eine gute Orientierung, sind daher vor allem für die See- und Luftfahrt von praktischer Bedeutung. Flächentreue Entwürfe weisen für gewöhnlich nur geringe Verzerrungen auf und sind in der Geographie gebräuchlich.

Kegel-, Zylinder- und Azimutalentwürfe

Neben diesen beiden hinsichtlich der praktischen Anwendung wichtigsten Abbildungseigenschaften gibt es etliche andere, die noch zu besprechen sein werden. Zunächst wollen wir aber auf eine Gliederung (und Benennung) der Kartenentwürfe nach Art und Lage der Bildfläche (vor deren Verebnung) eingehen.

Den allgemeinen Fall stellen hier die *Kegelentwürfe* (oder *konischen Entwürfe*) dar, denen eine Drehkegelfläche mit der Spitze S, der Achse a = (SM) durch den Kugelmittelpunkt M und dem Öffnungswinkel ω zugrunde liegt. Die Gerade a wird als *Entwurfachse* bezeichnet. Der Kegel kann den Globus entweder berühren oder nach zwei Parallelkreisen schneiden. Bei der Verebnung der Kegelfläche geht der Berührkreis bzw. gehen die beiden Schnittkreise in längengleiche Kreisbögen mit der Spitze S und dem Zentriwinkel ζ über.

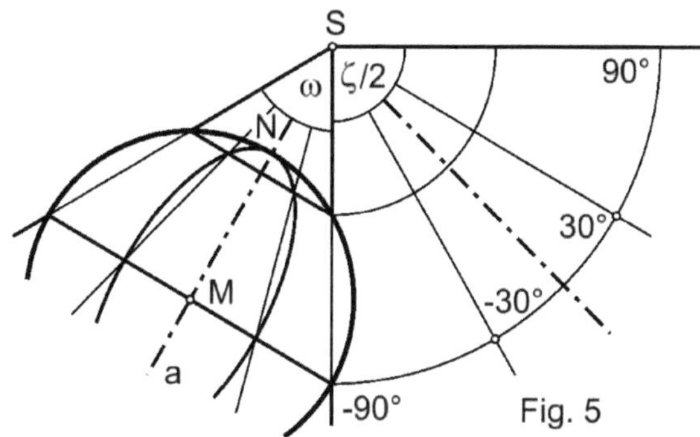

Fig. 5

Zur Berechnung von ζ nützt man diese Gleichheitsbedingung: Der Umfang u = 2rπ eines Parallelkreises auf dem Kegel und die Bogenlänge b müssen übereinstimmen. Bezeichnet man mit s den Radius des Kreisbogens, also die Seitenlänge des zwischen S und dem zugehörigen Parallelkreis gelegenen Teilstücks der Drehkegelfläche, so gilt für die mit u gleichzusetzende Bogenlänge

$$b = \frac{2s\pi\zeta}{360} = 2r\pi \Rightarrow \zeta = \frac{360r}{s}.$$

In Fig. 5 wurde ω = 60° angenommen, woraus s = 2r und ζ = 180° folgt. Der halbe Kegelmantel wird in der Verebnung also zu einem 90°-Kreissektor.

Rückt die Spitze S ins Unendliche, so geht der Winkel ω gegen 0° und aus der Drehkegel- wird eine Drehzylinderfläche, deren Erzeugenden zur Entwurfachse parallel sind. Die so zustande kommenden *Zylinderentwürfe* weisen die gleichen längentreuen Linien auf wie die Kegelentwürfe. Allfällige Schnittkreise sind in diesem Fall kongruent, ihre Bilder also gleich lang.

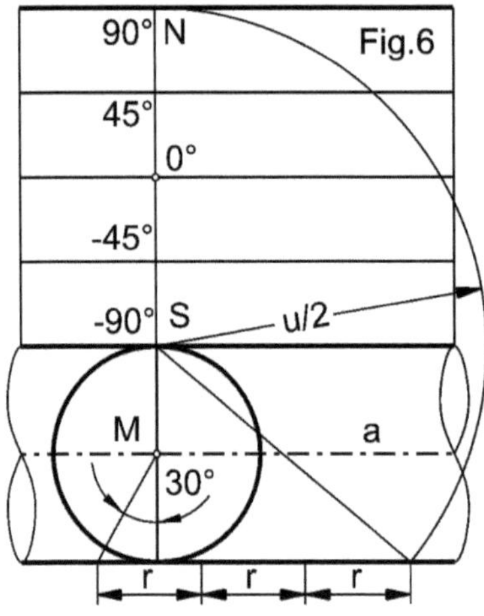

Fig. 6 veranschaulicht eine Kugel, die längs eines Längenkreises von einer Drehzylinderfläche berührt wird, die Entwurfachse a liegt also in der Äquatorebene. Verebnet ist nur der zu einem (längentreu abgebildeten) Berührmeridian gehörige Halbzylinder. Der halbe Kreisumfang kann entweder berechnet oder nach der in Fig. 6 enthaltenen *Konstruktion von Kochansky* näherungsweise ermittelt werden.

Schließlich lässt sich die Spitze S auch noch mit einem Kugelpunkt P identifizieren, der auf der Entwurfachse liegt. In diesem Fall ist ω = 180°, die Kegelfläche artet in eine Tangentialebene π der Kugel aus, P ist ihr Berührpunkt und bildet die *Kartenmitte* (Fig. 7). Jede Abbildung des Globus auf eine seiner Tangentialebenen ist in der Kartenmitte winkeltreu, was ihr den Namen *Azimutalentwurf* einträgt. Das aus dem Arabischen kommende Wort *Azimut* bezeichnet jenen Winkel, den eine (in π liegende) Tangente der Erdkugel in ihrem Berührpunkt P mit der Nordrichtung, also mit der Tangente des zugehörigen Meridians, einschließt.

Normale, querachsige und schiefachsige Entwürfe

Diese Gliederung (und Benennung) der Kartenentwürfe nimmt auf die Lage der Entwurfachse a Bezug, die in jedem Fall durch den Kugelmittelpunkt M führt. Ein Entwurf heißt *normal(achsig)* oder *polständig*, wenn a die beiden Pole N und S enthält; er heißt *transversal*, *querachsig* oder *äquatorständig*, wenn a in der Äquatorebene liegt, und er heißt *schiefachsig*, wenn a keine dieser zwei Sonderlagen einnimmt.

Fig. 5 stellt einen normalen Kegelentwurf mit zwei Schnittkreisen dar, die in diesem Fall auch Breitenkreise der Kugel sind und in der

Verebnung ebenso wie auf dem Globus den geogr. Längen ihrer Punkte nach graduiert werden können. Gleiches gilt für alle normalen Zylinderentwürfe.

Fig. 6 zeigt einen transversalen Zylinderentwurf mit Berührkreis, der in diesem Fall immer ein Längenkreis sein muss und in der Verebnung ebenso wie auf dem Globus den geogr. Breiten seiner Punkte nach graduiert werden kann. Der Beschriftung nach handelt es sich bei der Verebnung um einen Halbzylinder, der die Kugel längs eines Meridians berührt. Näheres dazu enthält UA 4.8.

Fig. 7 veranschaulicht die Lage der Bildebene bei einem schiefachsigen Azimutalentwurf. Beim Globusbild ist, wie auch schon in Fig. 5, der querachsige orthographische Entwurf (UA 1.5) vorweggenommen. Die Tangenten des durch die Kartenmitte P gehenden Breitenkreises bzw. Meridians bieten sich als Achsen eines in die Bildebene π integrierten Koordinatensystems Uxy mit U = P an.

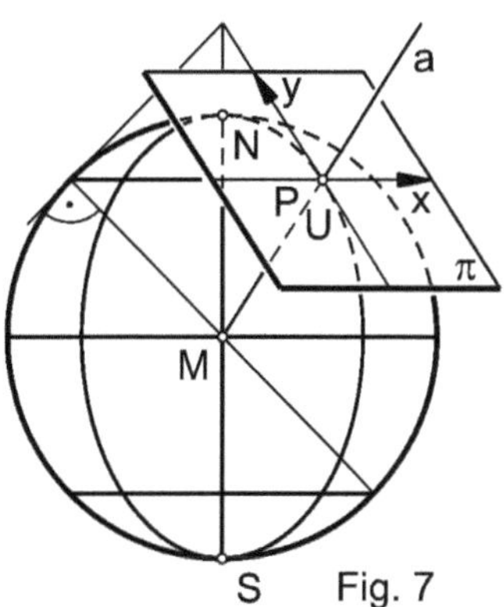

Fig. 7

Echte und unechte Entwürfe

Dabei handelt es sich um eine weitere Gliederung (und Benennung) von Kartennetzentwürfen, die mir allerdings nur hinsichtlich der normalen Entwürfe stringent erscheint.

Danach sind *echte Entwürfe* solche, bei denen a) die Längenkreisbilder ein Strahlbüschel bilden bzw. auf einem solchen liegen und b) die Breitenkreise als eine Schar von Kreisen, Kreisbögen oder Strecken abgebildet werden, die das unter a) genannte Strahlbüschel rechtwinklig schneiden. Unter einem *Strahlbüschel* versteht die Geometrie alle Geraden einer Ebene durch einen festen Punkt, den *Büschelscheitel*. Ist dieser ein Fernpunkt, so entsteht ein *Parallelstrahlbüschel* als Spezialfall, wie es bei den echten Zylinderentwürfen (Abschnitt 4) Standard ist.

Weist ein Kartennetzentwurf diese beiden Eigenschaften nicht auf, dann gilt er als *unechter Entwurf* oder als *Pseudoentwurf*. Insbesondere können nicht geradlinig verlaufende Meridianbilder als Kennzeichen für Pseudoentwürfe dienen, z. B. bei der Herzkarte (UA 3.3) und beim Mollweide-Entwurf (UA 4.5).

Weitere Eigenschaften (Invarianten)

In der Abbildungsgeometrie werden geometrische Eigenschaften, die vom *Urbild*, in unserem Fall ist das die Globusoberfläche, unverändert auf das Bild, also die Karte, übertragen werden, als *Invarianten* bezeichnet. Davon wurden die Längentreue auf bestimmten Linien, die generelle Winkeltreue und die generelle Flächentreue bereits genannt.

Weiters gibt es *kreistreue Abbildungen*, in denen insbesondere alle Längen- und alle Breitenkreise des Globus im Netzentwurf als Kreise, Kreisteile oder Strecken aufscheinen. Die wohl bekannteste kreistreue Abbildung der Kugeloberfläche erfolgt durch stereographische Projektion (UA 2.2).

Abweitungstreue Kartenentwürfe sind solche, bei denen auf jedem Breitenkreis die Abstände der Schnittpunkte mit zwei benachbarten Meridianen gleich groß sind. Die *Abweitung* ist nämlich der Abstand zweier Orte auf einem Breitenkreis, deren geogr. Längen sich um ein Grad unterscheiden. Für den Äquator beträgt die Abweitung ca. 111,307 km, woraus sich (durch Multiplikation mit 360) ein Äquatorumfang von ungefähr 40.070 km ergibt. Alle polständigen Entwürfe sind abweitungstreu.

Bei *abstandstreuen Azimutalententwürfen* werden die Abstände der einzelnen Punkte von der Kartenmitte P aus unverzerrt wiedergegeben. Solche Entwürfe sind z. B. bei Funkdiensten in Verwendung, weil ein am Ort P befindlicher Funker aus solchen Entwürfen die Richtung zum und die Entfernung vom Funkpartner ablesen kann. Der Begriff der *Abstandstreue* ist aber auch für Zylinder- und Kegelentwürfe in Gebrauch. Solche werden in den Abschnitten 4 bzw. 5 behandelt.

1.5 Abbildungsverfahren

Für das Herstellen von Kartenentwürfen ist in der Kartographie auch der Begriff *Kartenprojektion* gebräuchlich, der aber streng genommen nur dann gerechtfertigt ist, wenn die Abbildung tatsächlich auf einer Projektion beruht. Das Wort kommt von lat. proicere („hinwerfen") und wird in der Geometrie vorzugsweise nur in diesem wörtlichen Sinn verwendet, also für das Hinwerfen eines Objektes durch geradlinige *Projektionsstrahlen* auf eine Bildfläche. Handelt es sich bei den Projektionsstrahlen um Lichtstrahlen, dann wird bei dreidimensionalen Objekten zumindest deren *Umriss* auf diese Art abgebildet, bei Lichtbildern (Dias) eine Vergrößerung derselben auf einer Leinwand erzielt.

Auf diese Art und Weise kann, abgesehen von den verschiedenen Lagen der Entwurfachse, allerdings nur eine einzige winkeltreue und eine einzige flächentreue Karte entworfen werden. Die meisten Netzentwürfe, und vor allem die in der Praxis wichtigsten, beruhen nicht auf Projektion, sondern auf Rechnung. Dabei werden die Koordinaten der Bildpunkte in einem in die Kartenebene integrierten Koordinatensystem Uxy mit Hilfe von zwei *Abbildungsgleichungen* $x = f(\lambda, \beta)$ und $y = g(\lambda, \beta)$ aus den geogr. Koordinaten der Globuspunkte berechnet. Offensichtlich gibt es da eine Vielzahl von Möglichkeiten, deren praktischer Wert von den Eigenschaften der so definierten Netzkarte abhängig ist.

Perspektivische Projektionen

In meinem im Vorwort genannten Buch RG II wird die *Zentralprojektion*, bei der die auch *Sehstrahlen* genannten Projektionsstrahlen von einem *Projektionszentrum* O ausgehen und auf einer *Bildebene* π auftreffen, breit erörtert. Das Ergebnis ist ein *Zentralriss*, im Sonderfall, wenn nämlich das Zentrum ins Unendliche rückt, wodurch sich parallele Projektionsstrahlen ergeben, ein *Parallelriss*, und wenn diese Strahlen zusätzlich noch unter rechtem Winkel auf die Bildebene π auftreffen, ein *Normalriss*. Die maßgeblichen Invarianten *Geradentreue* bei allen diesen *perspektivischen Projektionen* (von lat. perspicere „hindurchsehen“) und zusätzlich *Parallelentreue* bei Parallelprojektion spielen in der Kartographie keine Rolle, weil ja gar keine Geraden, sondern ausschließlich Linien auf der Kugelfläche abgebildet werden.

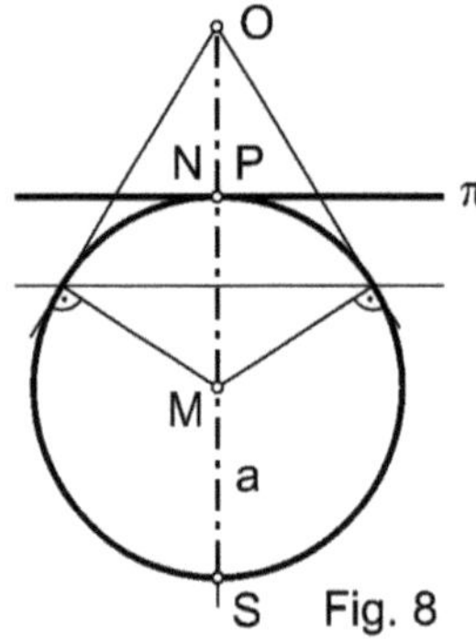

Fig. 8

In diesem Kontext liegt das Projektionszentrum O, auch *Augpunkt* genannt, immer auf der Entwurfachse a, und die Bildebene π ist eine Tangentialebene des Globus, sodass also immer ein Azimutalentwurf entsteht. In Fig. 8 ist eine solche Anordnung für einen polständigen Entwurf und einen über dem Nordpol N (als Kartenmitte) liegenden Augpunkt O schematisch dargestellt.

In diesem Fall wird eine Umgebung des Nordpols bis zu dem Breitenkreis, der die Berührpunkte der Sehstrahlen enthält, seitenrichtig abgebildet. Insbesondere handelt es sich um eine *orthographische Projektion*, die schon Thales von Milet (siehe Personenregister) studiert haben soll, wenn O in den Fernpunkt der Achse a gerückt wird; dabei entsteht ein vom Äquator begrenztes Bild.

Der Augpunkt kann aber auch im Inneren der Kugel oder im zweiten Durchstoßpunkt der Achse liegen; das wäre in Fig. 8 der Südpol S. Dann wird allerdings mit der für perspektivische Bilder üblichen Konvention gebrochen, dass sich der Augpunkt und der Betrachter auf derselben Seite der Bildebene befinden. Als Bild gilt dann nämlich (seitenrichtig) das von der anderen Seite, also von der der Kugel abgewandten Seite der Bildebene aus betrachtete Ergebnis der Projektion. Eine nähere Behandlung *perspektivischer Entwürfe* erfolgt in Abschnitt 2.

Netzprojektion

Bei diesem Projektionsverfahren sind die Projektionsstrahlen *Treffgeraden* zweier vorgegebenen windschiefen Geraden a und b, das sind Gerade, die a und b schneiden. Durch jeden (nicht auf a oder b liegenden) Raumpunkt P kann genau eine Gerade p gelegt werden, die a und b schneidet.

Auf alle Punkte einer Geraden g angewandt bilden diese Projektionsstrahlen eine Strahlfläche 2. Grades, die von einer Bildebene π im Regelfall nach einer Kurve 2. Grades g^b geschnitten wird (Fig. 9). Geradentreue ist damit nicht gegeben, weshalb diese Abbildungsmethode in der Darstellenden Geometrie kaum eine Rolle spielt, höchstens als Gegenbeispiel zu geradentreuen Projektionen.

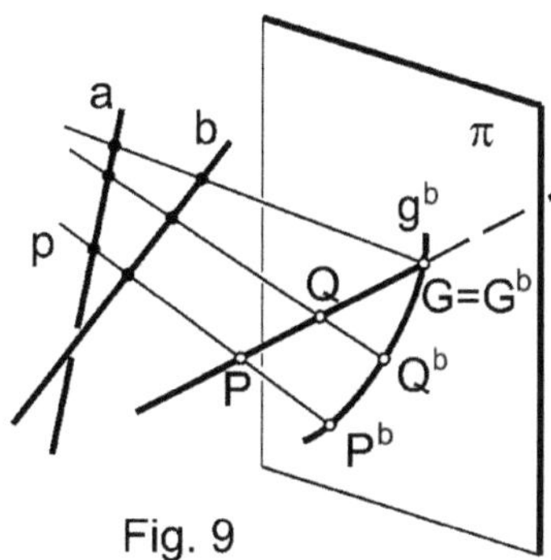

Fig. 9

Zylinderentwürfe können allerdings durch eine (spezielle) *Netzprojektion* erzeugt werden. Die beiden windschiefen Geraden sind dabei die Erdachse a und die Ferngerade u der zu a normalen Ebenenstellung. Sohin ist jeder Projektionsstrahl p durch einen Globuspunkt P die durch P gehende und a normal schneidende Gerade, und deren nächstgelegener Durchstoßpunkt mit der Zylinderfläche ist der zugehörige Bildpunkt. Konkrete Beispiele dazu werden in Abschnitt 4 behandelt.

Abbildungsgleichungen

Wie bereits angedeutet, lässt sich durch zwei Gleichungen $x = f(\lambda, \beta)$ und $y = g(\lambda, \beta)$ jedem Punkt $P(\lambda/\beta)$ auf dem Globus ein Bild $P^b(x, y)$ in einer mit einem System Uxy unterlegten Ebene bijektiv zuordnen, wofür noch viele konkrete Beispiele vorzustellen sein werden. Aber auch zu jedem konstruktiv ermittelten Kartennetzentwurf gehören zwei solche Abbildungsgleichungen.

Anhand von Fig. 4 wurde die Formelgruppe (4) abgeleitet, welche den Zusammenhang zwischen den geogr. Koordinaten λ, β eines Punktes auf der Einheitskugel und den kartesischen Koordinaten x, y, z dieses Punktes angibt. In besagter Figur sind zwei orthographische Projektionen „versteckt“, nämlich die polständige (Achse z) für den Grundriss und eine äquatorständige (Achse x) für den Aufriss; der Grundriss des Nullmeridians liegt auf der x-Achse und sein Aufriss liegt auf der z-Achse.

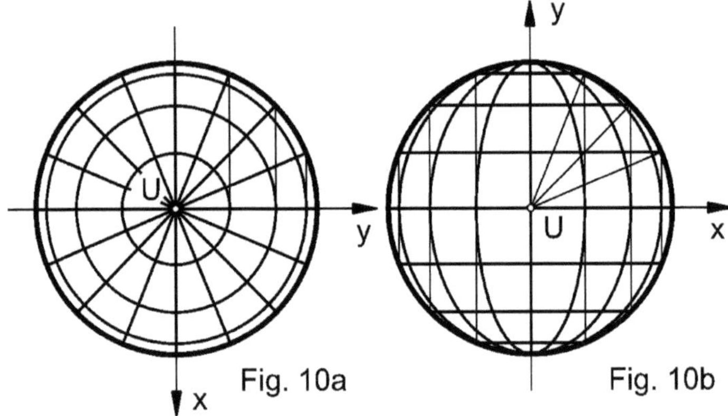

Fig. 10a Fig. 10b

In Fig. 10a,b sind beide Risse mit Meridianen und Breitenkreisen jeweils von 22,5° zu 22,5° komplett ausgeführt. (Damit werden die beiden *Wendekreise* mit $\beta \approx \pm 23{,}44°$ und die beiden *Polarkreise* mit $\beta \approx \pm 66{,}56°$ annähernd „getroffen“.) In Fig. 10a fungiert als Kartenmitte der Nordpol N(0, 0, 1), der auch als Koordinatenursprung des in die Karte integrierten Systems Uxy angesehen werden kann, das sich mit dem gleichnamigen, in der Bildebene π_1 (Grundrissebene) befindlichen System deckt. Für den *normalen orthographischen Entwurf* ergeben sich somit die Abbildungsgleichungen

$$x = \cos\beta.\cos\lambda, \quad y = \cos\beta.\sin\lambda \qquad (5)$$

In Fig. 10b ist die Kartenmitte der Punkt X(1, 0, 0), das in ihm verankerte System Uxy deckt sich mit dem in der Koordinatenebene π_2 (Aufrissebene) liegenden System Uyz. Um zu den Abbildungsgleichungen für den *transversalen orthographische Entwurf* zu gelangen muss also in (4) y durch x und z durch y ersetzt werden:

$$x = \cos\beta.\sin\lambda, \quad y = \sin\beta \qquad (6)$$

Die Gültigkeit von Abbildungsgleichungen kann anhand von zugehörigen Kartennetzentwürfen überprüft werden und umgekehrt. Dabei ist allerdings der konkrete Maßstab der Zeichnung zu beachten, da die Formeln ja die Einheitskugel zur Grundlage haben. Um eine Übereinstimmung mit den Messergebnissen für x und y zu erzielen sind daher die Rechenergebnisse mit einem der Karte zu entnehmenden Maßstabsfaktor $k \neq 1$ zu multiplizieren.

Als Beispiel mag der Ausdruck eines polständigen orthographischen Entwurfes dienen, der zu jener Gruppe von Computergraphiken gehört, die mir Herr Prof. Havlicek (siehe Vorwort) freundlicherweise zur Verfügung gestellt hat. Sie sind alle mit einem Gradnetz von 15° zu 15° ausgestattet. Nach der Lage des Nullmeridians (durch SO-England) kann man davon ausgehen, dass der Zeichnung, wie auch den meisten anderen aus dieser Gruppe, ein mit Fig. 10a übereinstimmendes Achsensystem Uxy unterlegt ist, also mit U = N(0, 0, 1), einer nach vorne bzw. Süden weisenden x-Achse ($\lambda = 0°$) und einer nach rechts bzw. Osten weisenden y-Achse ($\lambda = 90°$). Das Äquatorbild hat ziemlich genau 80 mm Durchmesser, daraus folgt ein Maßstabsfaktor k ≈ 40. Wählt man für die Überprüfung den Ort P(-60°/45°), dann ergibt die Formelgruppe (5) für x = cos45°.cos(-60°) ≈ 0,35355 und für y = cos45°.sin(-60°) ≈ -0,61237. Multipliziert mit dem Maßstabsfaktor folgt daraus x ≈ 14 mm und y ≈ -24,5 mm, was mit dem Messergebnis übereinstimmen muss.

Die Abbildungsgleichungen normaler Azimutalentwürfe

Denkt man sich in die Karte ein Polarkordinatensystem hinein, dann ist leicht zu erkennen, dass der Polarwinkel φ mit der geogr. Länge λ übereinstimmt (φ = λ) und die Länge r des Radiusvektors nur von der geogr. Breite β abhängt, also r = r(β). Und weil bei jedem (echten) polständigen Azimutalentwurf die Träger der Meridianbilder ein Strahlbüschel mit dem Scheitel N (oder S) und die Breitenkreisbilder eine Schar konzentrischer Kreise mit diesem Mittelpunkt bilden, gilt das für alle Entwürfe dieser Art. Mit Hilfe der Formelgruppe (2) ergeben sich dann die Abbildungsgleichungen für jeden solchen Entwurf, sobald der spezielle Funktionsterm r(ß) bekannt ist.

Für den normalen orthographischen Entwurf gilt r = cosβ und daraus folgt x = r.cosφ = cosβ.cosλ und y = r.sinφ = cosβ.sinλ, wie unter (5) bereits angegeben.

Abschnitt 2:

Perspektivische Entwürfe

Hinsichtlich der orthographischen Entwürfe wurden der normale und der transversale Fall bereits in Abschnitt 1 abgehandelt. Hier ist also nur mehr auf den schiefachsigen Fall einzugehen, von dem mit Mitteln der Darstellenden Geometrie ein Entwurf hergestellt wird. Auch bei den echten Zentralprojektionen leistet die konstruktive Geometrie wertvolle Hilfsdienste. Abbildungsgleichungen ergänzen die Darstellung. Zuletzt wird die Dürersche Weltkarte auf die Lage des Projektionszentrums O und auf ihre Genauigkeit hin überprüft.

Die Abbildungsgleichungen perspektivischer Entwürfe

Es gibt mehrere Vorgehensweisen, um für transversale und schiefachsige Entwürfe zu deren Abbildungsgleichungen zu gelangen. Prof. Havlicek leitet sie in seinen Arbeiten (siehe Literaturverzeichnis) durch Koordinatentransformation aus den Gleichungen der normalen Entwürfe ab. Prof. Bretterbauer entwickelt in seiner Abhandlung „Die runde Erde eben dargestellt" für alle perspektivischen Entwürfe zwei Generalformeln $x = f(\lambda, \beta)$ und $y = g(\lambda, \beta)$, welche die Projektion auf eine Tangentialebene π in einem Punkt $P \neq N$ und $P \neq S$ nachvollziehen. Diese Formeln werden hier ohne Beweisführung angegeben, weil diese dem im Vorwort angesprochenen Leserkreis wohl nicht mehr ganz adäquat wäre. Das in π befindliche Achsensystem Uxy hat die Kartenmitte $P(\lambda_0/\beta_0)$ zum Ursprung, die x-Achse ist die nach rechts weisende Tangente an den Breitenkreis und die y-Achse ist die nach Norden weisende Tangente an den Meridian, die durch P hindurchgehen (Fig. 7).

$$x = [(a + 1).\cos\beta.\sin(\lambda - \lambda_0)] : n(\lambda, \beta) \quad (7a)$$

$$y = (a + 1).[\sin\beta.\cos\beta_0 - \cos\beta.\sin\beta_0.\cos(\lambda - \lambda_0)] : n(\lambda, \beta) \quad (7b)$$

$$\text{mit } n(\lambda, \beta) = a + \sin\beta.\sin\beta_0 + \cos\beta.\cos\beta_0.\cos(\lambda - \lambda_0) \quad (7c)$$

Die Variable a ist der (orientierte) Abstand $\overline{OM}$ des Projektionszentrums O vom Kugelmittelpunkt M, und zwar positiv, wenn O auf der

Entwurfachse hinsichtlich M gegenüber der Kartenmitte P liegt, und negativ, wenn das nicht der Fall ist, wie z. B. bei Fig. 8.

2.1 Orthographische Projektion

Schiefachsige Entwürfe, die auf Normalprojektion beruhen, veranschaulichen einen Globus recht gut, sind in der Kartographie aber ohne Belang. Gleichwohl ist in Fig. 11 ein orthographischer Entwurf mit der Kartenmitte P(45°/45°) rein konstruktiv hergestellt worden.

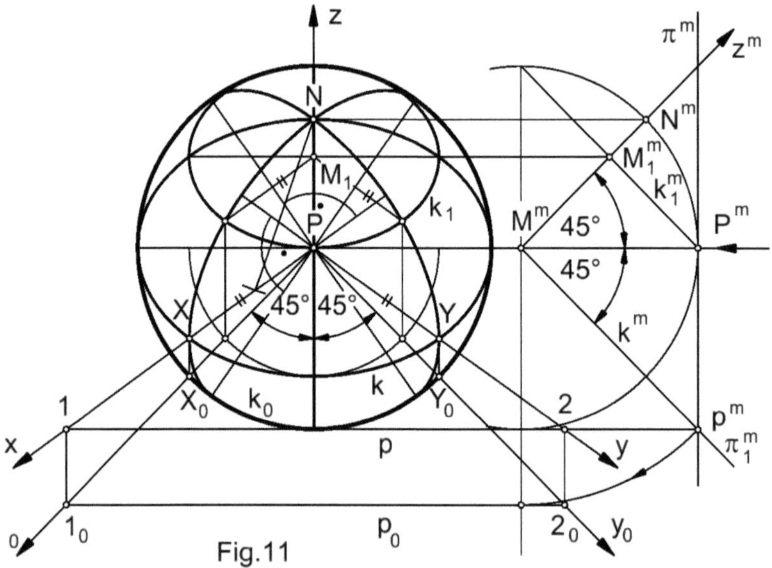

Fig.11

Die Darstellung erfolgt durch einen normalaxonometrischen Riss mit Hilfe eines Meridianrisses. Neben einem grundlegenden Wissen über dieses Abbildungsverfahren, wie etwa in RG II auf Seite 139 vorgestellt, ist nur der folgende Satz über die Abbildung von Kreisen in Normalrissen eine Voraussetzung für das Verstehen der Zeichnung: Die Kreisbilder sind Ellipsen bzw. deren Sonderfälle (Strecken, Kreise), deren Hauptachsen normal auf die Bilder der Kreisachsen stehen und längentreu abgebildet werden. Die Nebenscheitel lassen sich immer mit Hilfe eines weiteren Ellipsenpunktes nach der (ersten) Papierstreifenkonstruktion (RG I, Seite 114) ermitteln. Für die Breitenkreisbilder ergeben sie sich direkt aus dem Meridianriss.

Für die orthographische Projektion ergibt die Formelgruppe (7) die folgenden Abbildungsgleichungen, sofern man Zähler und Nenner durch a dividiert und anschließend a über alle Grenzen gehen lässt:

$$x = \cos\beta.\sin(\lambda - \lambda_0),\ y = \sin\beta.\cos\beta_0 - \cos\beta\sin\beta_0\cos(\lambda - \lambda_0) \quad (8)$$

Für P(0°/0°) = X(1, 0, 0) ergeben sich daraus die Gleichungen (6) für den transversalen orthographischen Entwurf, wie in Fig. 10b dargestellt, und für P(45°/45°), also den in Fig. 11 dargestellten Entwurf

$$x = \cos\beta.\sin(\lambda - 45°),\ y = \frac{\sqrt{2}}{2}.[\sin\beta - \cos\beta.\cos(\lambda - 45°)] \quad (8a)$$

Für den normalen orthographischen Entwurf ist die Formelgruppe (7) nicht anwendbar. Trotzdem ergibt sie für N(0°/90°) etwas durchaus Brauchbares, nämlich

$$x = \cos\beta.\sin\lambda \text{ und } y = -\cos\beta.\cos\lambda.$$

Ein Vergleich mit der Formelgruppe (5) zeigt eine Vertauschung von x und y sowie ein Minus vor dem y-Wert, dem „alten" x-Wert. Damit beziehen sich die Formeln auf ein Koordinatensystem Uxy mit U = N, bei welchem die x-Achse den 90°-Meridian tangiert, also der „alten" y-Achse entspricht, und die y-Achse nach Lage und Richtung Tangente an den 180°-Meridian, also die gegengerichtete „alte" x-Achse ist. Das Gleiche werden wir auch beim normalen stereographischen und beim normalen gnomonischen Entwurf feststellen.

2.2 Stereographische Projektion

Stereographische Projektion ist die Zentralprojektion aus einem Kugelpunkt O auf die Tangentialebene $\tau = \pi$ in dem O diametral gegenüberliegenden Punkt P = U. Diese Abbildungsart zeichnet sich durch Winkel- und Kreistreue aus und war schon Hipparchos von Nicäa (siehe Personenregister) bekannt. Die Kreistreue wurde allerdings erst im 13. Jahrhundert durch Jordanus Nemorarius bewiesen, die Konformität entdeckte Gerhard Kremer.

Der polständige Entwurf

Zunächst werden die Abbildungsgleichungen des polständigen stereographischen Entwurfes abgeleitet, wobei das Achsensystem Uxy seiner Lage nach mit dem übereinstimmen soll, das dem normalen orthographischen Entwurf unterlegt worden ist.

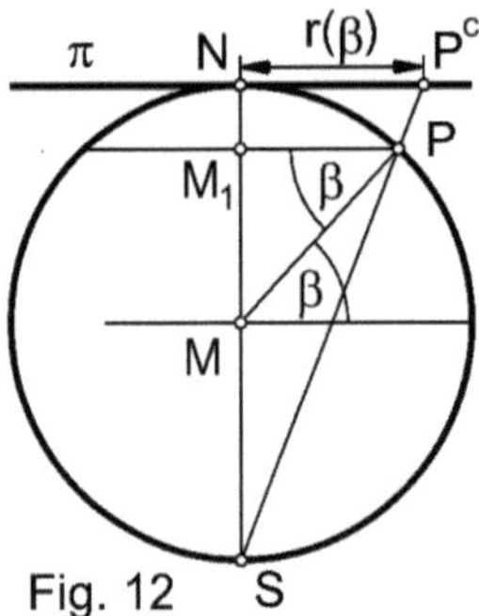

Fig. 12

Fig. 12 zeigt eine Projektionsanordnung mit dem Südpol S als Augpunkt und dem Nordpol N als Berührpunkt der Bildebene π. Der Punkt P auf dem β-Breitenkreis (Mittelpunkt M_1) wird aus S auf π projiziert und der Bildpunkt, wie für Zentralrisse üblich, mit P^c bezeichnet. Für Uxy gilt U = N und die x-Achse tangiert den Nullmeridian.

Dann gilt für die Polarkoordinaten der Bildpunkte $\varphi = \lambda$ und r ist nur von β abhängig, also $r = r(\beta)$. Weil die Kugel den Radius 1 hat und weil die Dreiecke SM_1P und SNP^c ähnlich sind, gilt die Proportion

$$(1 + \sin\beta) : \cos\beta = 2 : r(\beta) \Rightarrow r(\beta) = \frac{2.\cos\beta}{1+\sin\beta}.$$

Die Abbildungsgleichungen für den *normalen stereographischen Entwurf* lauten also gemäß (2)

$$x = \frac{2.\cos\beta}{1+\sin\beta}.\cos\lambda,\ y = \frac{2.\cos\beta}{1+\sin\beta}.\sin\lambda \qquad (9)$$

Sie ergeben (durch Rechnung) das nachfolgende Bild. Eine grundsätzlich mögliche Abbildung über den Äquator hinaus ist wegen der immer größer werdenden Verzerrungen nicht sinnvoll. Für die Abbildung der südlichen Halbkugel bietet sich vielmehr die Projektion aus dem Nordpol auf die Tangentialebene im Südpol an.

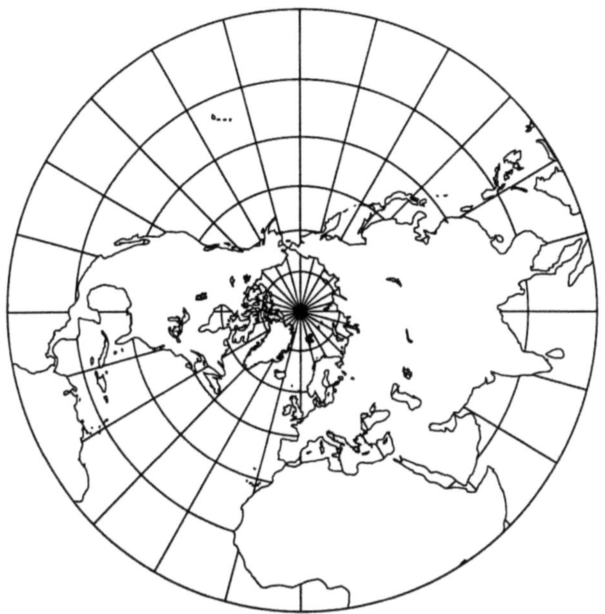

Winkeltreue und Kreistreue

Fig. 13 (nächste Seite) stellt den Aufriss einer auf π_1 liegenden Kugel dar, die stereographisch auf die Bildebene $\pi_1 = \pi$ projiziert wird. Das Ergebnis wird nur angedeutet. Hinsichtlich der Winkeltreue ist zu zeigen, dass je zwei durch den Berührpunkt T einer Tangentialebene τ laufende Kugeltangenten a und b und ihre durch T^c laufenden stereographischen Bilder a^c und b^c gleich große Winkel einschließen.

Offensichtlich ist das Dreieck M"O"T" gleichschenklig, seine Winkel bei O" und T" sind also gleich groß. Das hat auch zwei gleich große Winkel im Dreieck t_1"T"T^c zur Folge. Darin ist t_1" der Punkt, als welcher die (erste) Spur der Ebene τ im Aufriss erscheint. Die Strecken t_1"T" und t_1"T^c sind also gleich lang, der Punkt T samt den in ihren (ersten) Spurpunkten A_1 und B_1 auf t_1 fest verankerten Geraden a und b kann also auch durch Drehung der Ebene τ um t_1 nach T^c gebracht werden. Durch Drehung ändert sich aber an der Größe des von a und b eingeschlossenen Winkels nichts; somit schließen a^c und b^c einen Winkel gleicher Größe ein, was zu beweisen war.

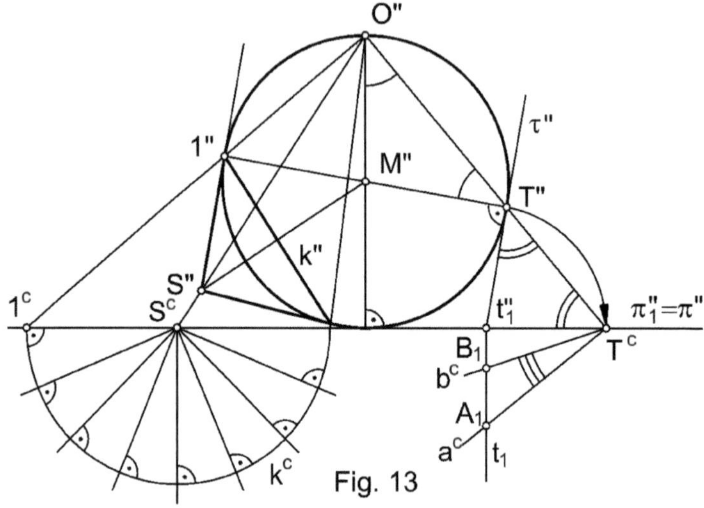

Fig. 13

Die Kreistreue ist eine Folge der Geradentreue der Zentralprojektion und der Winkeltreue der stereographischen Abbildung. Zum Beweis wird der Kugel eine Drehkegelfläche mit der Spitze S und dem Berührkreis k umschrieben (Fig. 13 links). Deren Erzeugenden sind Kugeltangenten und schneiden k unter rechtem Winkel. Ihr stereographisches Bild ist ein Strahlbüschel mit dem Scheitel S^c, das vom Kreisbild k^c durchwegs rechtwinklig durchsetzt werden muss. Das ist aber nur für Kreise mit dem Mittelpunkt S^c der Fall.

Der äquatorständige Entwurf

Die Konstruktion eines entsprechenden Netzentwurfes lässt sich allein aus dem Wissen über die Kreis- und die Winkeltreue bewältigen, was mich fasziniert und was ich hier vorstelle (Fig. 14).

Gedanklich können wir uns, unter Benützung eines Achsenkreuzes Uxyz, die räumliche Situation so vorstellen, dass die Einheitskugel mit N(0, 0, 1) und S(0, 0, -1) aus ihrem hintersten Punkt O(-1, 0, 0) auf die Tangentialebene π im vordersten Punkt X(1, 0, 0) projiziert wird. Geht der Nullmeridian durch X, dann begrenzen die Meridiane mit $\lambda = \pm 90°$ den vorderen Halbglobus, dessen Gradnetz stereographisch abgebildet werden soll.

Die Projektion aus O vermittelt eine Ähnlichkeitsabbildung mit dem Faktor k = 2 zwischen diesen Meridianen und ihren Bildern, auf denen sich Orte mit vorgegebener Breite (hier ±30° und ±60°) direkt einzeichnen lassen. Wegen der Kreis- und der Winkeltreue werden die entsprechenden Breitenkreise als Kreisbögen (mit den Mittelpunkten B_{30}, B_{60}, B_{-60} und B_{-30}) abgebildet, welche die vorgegebenen Meridianbilder rechtwinklig schneiden. Die anderen Meridianbilder wiederum sind Kreisbögen (mit den Mittelpunkten M_{30}, M_{60}, M_{-60} und M_{-30}), die bei N und S miteinander Winkel einschließen, welche den Differenzen der jeweiligen geogr. Längen (hier von 30° zu 30°) entsprechen.

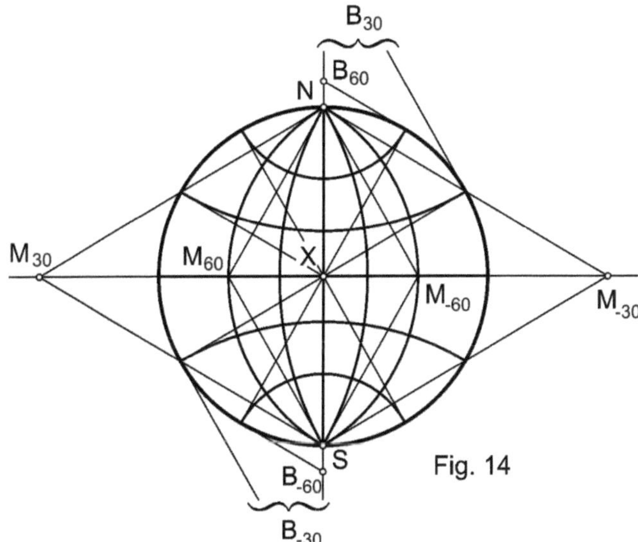

Fig. 14

Die zugehörigen Abbildungsgleichungen

Aus der Formelgruppe (7) ergeben sich zufolge a = 1 für den *transversalen stereographischen Entwurf* (Fig. 14 und Computergraphik auf der nächsten Seite) mit der Kartenmitte P(0°/0°) = X(1, 0, 0) die Abbildungsgleichungen

$$x = \frac{2.\cos\beta.\sin\lambda}{1+\cos\beta.\cos\lambda},\ y = \frac{2.\sin\beta}{1+\cos\beta.\cos\lambda} \qquad (10)$$

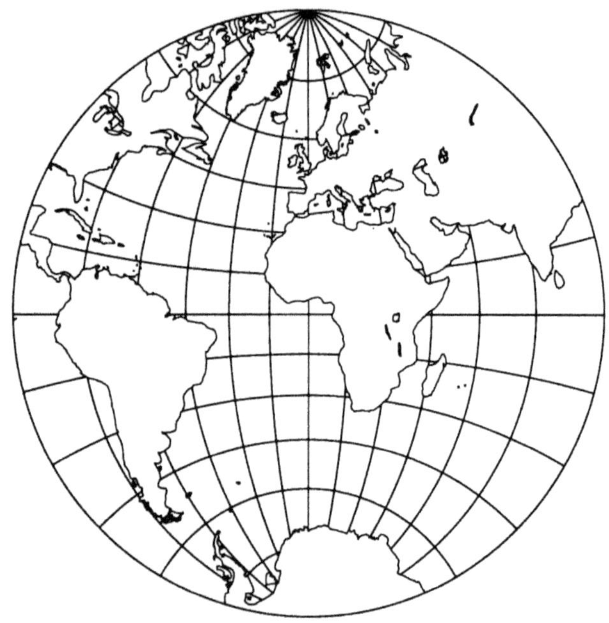

Wendet man die Formelgruppe (7) mit a = 1 auf die Kartenmitte N(0°/90°) = Z(0, 0, 1) an, so ergibt diese die Gleichungen

$$x = \frac{2.\cos\beta.\sin\lambda}{1+\sin\beta} \text{ und } y = -\frac{2.\cos\beta.\cos\lambda}{1+\sin\beta}.$$

Ein Vergleich mit der Formelgruppe (8) für den normalen stereographischen Entwurf zeigt den gleichen Zusammenhang wie beim orthographischen Entwurf. Der Unterschied wird also nur durch eine andere Lage des Achsensystems Uxy verursacht.

2.3 Gnomonische Projektion

Bei der *gnomonischen Projektion* handelt es sich um eine Zentralprojektion aus dem Kugelmittelpunkt M = O auf eine Tangentialebene τ = π der Kugel. Der Name leitet sich von griech. gnomon „Schattenzeiger“ ab, weil diese Projektion in die Projektierung und die Herstellung von Sonnenuhren einfließt.

Der polständige Entwurf

Fig. 15 zeigt eine entsprechende Anordnung mit dem Nordpol N als Berührpunkt der Bildebene π. Der Punkt P auf dem β-Breitenkreis (Mittelpunkt M_1) wird aus M = O auf π projiziert, was den Bildpunkt P^c ergibt.

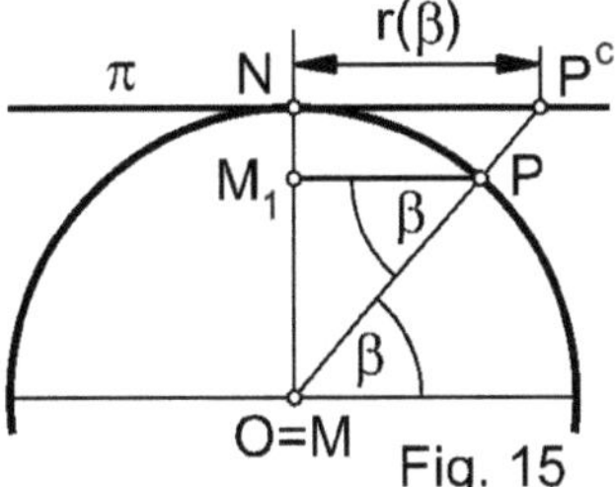

Fig. 15

Hinsichtlich der Abbildungsgleichungen zur nachfolgenden, vom Bild des 20°-Breitenkreises begrenzten, Computerzeichnung trifft (nach der in UA 1.5 genannten Regel) wiederum φ = λ zu und r ist nur von β abhängig. Weil die Kugel den Radius 1 hat und weil die Dreiecke OM_1P und ONP^c ähnlich sind, gilt die Proportion

$$\sin\beta : \cos\beta = 1 : r(\beta) \Rightarrow r(\beta) = \frac{\cos\beta}{\sin\beta} = \frac{1}{\tan\beta} \ (= \cot\beta).$$

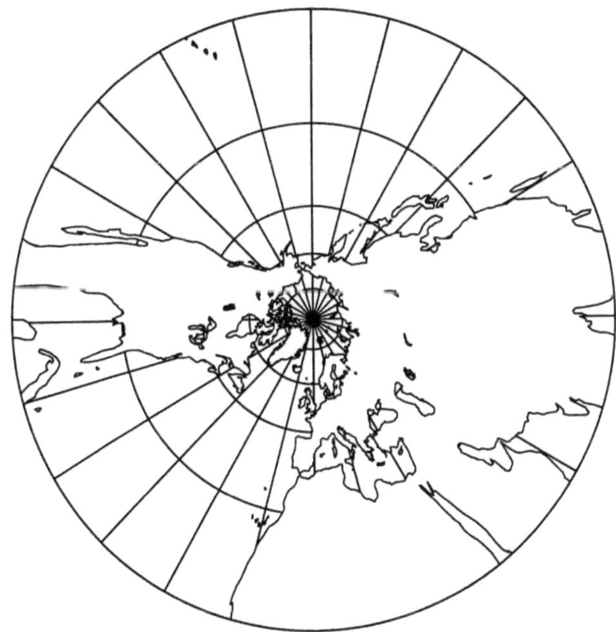

Die Abbildungsgleichungen für den *normalen gnomonischen Entwurf* lauten also

$$x = \frac{\cos\lambda}{\tan\beta}, \quad y = \frac{\sin\lambda}{\tan\beta} \qquad (11)$$

Die Computergraphik zeigt eine rapide Zunahme der Verzerrungen bei abnehmenden geogr. Breiten. Das Äquatorbild ist die Ferngerade der Bildebene.

Der äquatorständige Entwurf

Fig. 16 liegt die gleiche Anordnung mit der Kartenmitte X(1, 0, 0) zugrunde wie bei Fig. 14, nur dass der Augpunkt O diesmal der Kugelmittelpunkt M(0, 0, 0) ist. Ein oberhalb des maßgeblichen Bildes angeordneter Grundriss und ein Kreuzriss dienen als Hilfsrisse. Der kräftig ausgeführte Netzentwurf stellt jene Globusfläche dar, die sich zwischen den beiden 45°-Längenkreisen und den beiden 45°-Breitenkreisen befindet.

Der Grundriss dient allein der Herstellung der Meridianbilder von 22,5° zu 22,5°, was keiner weiteren Erklärung bedarf. Wesentlich aufwändiger ist die Darstellung der Breitenkreise, ebenfalls von 22,5° zu 22,5°. Die durch sie laufenden Projektionsstrahlen bilden Drehkegelflächen mit der Spitze O = M, die von der Bildebene π achsenparallel geschnitten werden. Nach RG II, Seite 146/147 sind die Schnittkurven und damit die Bilder der Breitenkreise Hyperbeln, die in der Kartenmitte ihren gemeinsamen Mittelpunkt und als Achsen die Bilder des Nullmeridians und des Äquators haben. Die Scheitel und die mittels Dandelinscher Kugeln (a. a. O.) zu ermittelnden Brennpunkte werden über den Kreuzriss fixiert. Daraus wiederum lassen sich die Asymptoten und mit Hilfe der Stechzirkelkonstruktion (RG I, Seite 116) die Schnittpunkte mit den anderen Meridianbildern gewinnen.

Übrigens: Die Asymptoten schließen miteinander den Öffnungswinkel der zugehörigen Kegelflächen ein, was sich entweder direkt anstelle der Brennpunkte oder als Zeichenkontrolle nützen lässt.

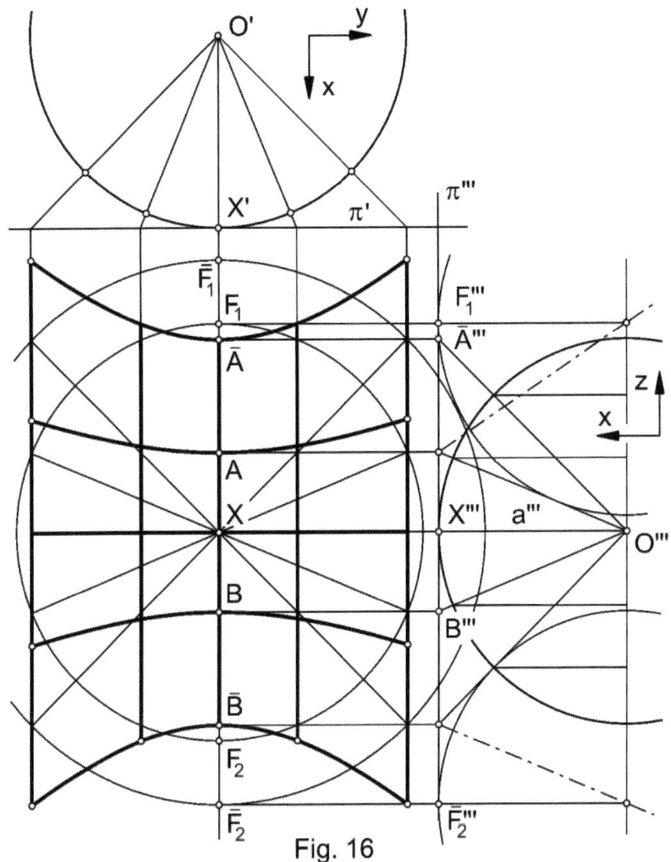

Fig. 16

Die Abbildungsgleichungen

Für den *transversalen gnomonischen Entwurf* von Fig. 16 ergeben sich wegen a = 0 und der Kartenmitte X(0°/0°) nach Formelgruppe (7) die Abbildungsgleichungen

$$x = \tan\lambda,\ y = \frac{\tan\beta}{\cos\lambda} \qquad (12)$$

Für N(0°/90°) = Z(0, 0, 1) folgen aus (7) die konkreten Gleichungen

$$x = \frac{\sin\lambda}{\tan\beta} \text{ und } y = -\frac{\cos\lambda}{\tan\beta}.$$

Auch hier zeigt ein Vergleich mit der Formelgruppe (11) denselben Regelzusammenhang auf, wie er beim orthographischen und beim stereographischen Entwurf besteht.

Der kürzeste Weg auf der Kugelfläche

Geodätische Linien verfolgen den kürzesten Weg zwischen zwei Punkten P und Q einer Fläche. Bei den Ebenen sind das die Geraden, bei den Kugelflächen die Kugelgroßkreise, also Kreise, die den Kugelmittelpunkt M zum Mittelpunkt und den Kugelradius zum Radius haben. Daher werden Kugelgroßkreise auch *Kugelgerade* genannt. Deren Trägerebenen ε = (MPQ) sind als Verbindungsebenen von drei Punkten eindeutig bestimmt, sofern es sich bei P und Q nicht um zwei einander diametral gegenüberliegende Punkte handelt. Der Kreisbogen von P nach Q wird als *Orthodrome* und seine Länge als *sphärischer Abstand* der beiden Punkte bezeichnet.

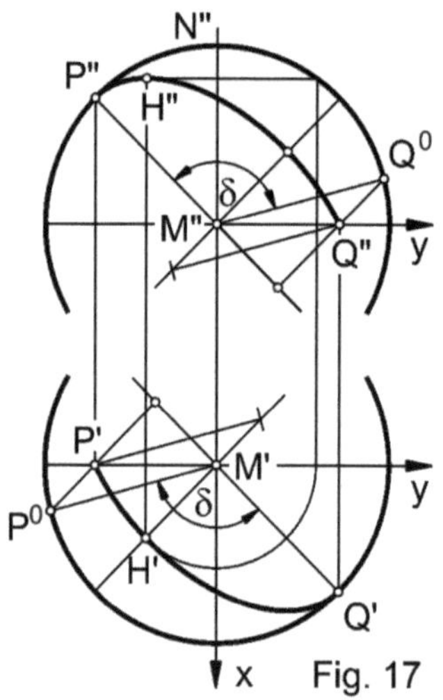

Fig. 17

Die gnomonischen Kartenentwürfe zeichnen sich dadurch aus, dass jede Kugelgerade als Gerade abgebildet wird, weil das Projektionszentrum ja ein Punkt der Trägerebene des Großkreises ist. In solchen Karten lässt sich der kürzeste Weg (z. B. eine Fluglinie) daher als Strecke einzeichnen, deren Länge zwar (maßstäblich) nicht der wirklichen Entfernung entspricht, aber deren Schnittpunkte mit Meridianen und Breitenkreisen sehr wohl den kürzesten Weg beschreiben.

In Fig. 17 ist der kürzeste Weg, also die schnellste Flugverbindung, zwischen den Orten P(-90°/45°) und Q(45°/0°) in Grund- und Aufriss dargestellt. Die Annahme der Punkte P, Q auf dem -90°-Meridian bzw. auf dem Äquator vereinfacht das Zeichnen, weil P" und Q' bereits Hauptscheitel der Bildellipsen sind. (Die Hauptachsen liegen auf den zu π_1 bzw. π_2 parallelen Geraden, also den beiden Hauptgeraden von ε durch M, die für den allgemeinen Fall zunächst ermittelt werden müssten; zur Lokalisierung der Nebenscheitel dient die Papierstreifenkonstruktion.) Die Flugbahn erreicht in H den nördlichsten Punkt, dessen geogr. Koordinaten $\lambda = -45°$ und $\beta \approx 57°$ aus der Zeichnung abgelesen werden können.

Bei Kenntnis des Winkels $\delta = \angle PMQ$ lässt sich die Länge d des kürzesten Weges von P nach Q umgehend nach der Formel

$$d = \frac{R\pi\delta}{180} \text{ mit } R \approx 6370 \text{ km} \qquad (13)$$

berechnen, R ist der (mittlere) Erdradius. In Fig. 17 ist δ in beiden Rissen durch Paralleldrehen der Ebene ε ermittelt worden und beträgt zufolge der speziellen Annahme von P und Q genau 120°. Der sphärische Abstand der beiden Punkte beträgt daher ein Drittel des Erdumfanges, das sind bei Verwendung des oben genannten Näherungswertes für R zirka 13.340 km.

Im Diercke-Atlas ist (auf Seite 193) eine Formel angegeben, nach welcher der Winkel δ berechnet werden kann, und zwar

$$\cos\delta = \sin\beta_1.\sin\beta_2 + \cos\beta_1.\cos\beta_2.\cos(\lambda_1 - \lambda_2) \qquad (14)$$

Die Formel geht auf die Formel für den von zwei Einheitsvektoren $\vec{p}$ und $\vec{q}$ eingeschlossenen Winkel zurück, nämlich $\cos\delta = \vec{p}.\vec{q}$; die Koordinaten der beiden Ortsvektoren, deren Skalarprodukt zu bilden ist, stehen in Formel (4). Zuletzt ist noch der Summensatz $\cos\lambda_1.\cos\lambda_2 + \sin\lambda_1.\sin\lambda_2 = \cos(\lambda_1 - \lambda_2)$ anzuwenden.

Bei unserem Beispiel ergibt sich aus Formel (14) $\cos\delta = -0{,}5$, also $\delta = 120°$. Im Diercke-Atlas wird nach ihr und Formel (13) die Entfernung von Berlin B(13°/52°) nach Tokio T(140°/36°) berechnet und mit $d \approx 8.960$ km angegeben.

2.4 Albrecht Dürers Weltkarte

Andere als die beiden zuletzt genannten echten Zentralrisse der Erdkugel bzw. des Globus sind in der Kartographie unüblich. Allerdings treten perspektivische Bilder der Erde heutzutage als Satellitenfotos auf. Darauf konnte Johannes Stabius (siehe Personenregister) freilich noch nicht zurückgreifen, als er im Jahr 1512 eine allgemeine perspektivische Darstellung der Erdkugel als Vorlage für Albrecht Dürers Weltkarte anfertigte. (Außerdem wäre auf einem Photo selbstverständlich auch kein Gradnetz zu sehen, auf Dürers Karte ist das hingegen der Fall.)

Ich habe versucht, anhand der mir vorliegenden Kopien des Dürerschen Werkes, wie sie auf den nächsten zwei einander gegenüberliegenden Seiten abgebildet sind, die Perspektive zu rekonstruieren und die Genauigkeit der Darstellung zu überprüfen, um in diese Schrift auch ein wenig Eigenständigkeit einfließen zu lassen. Theoretisch ist mir das gelungen, die praktische Auswertung der ermittelten Formel (16) lässt aber leider zu wünschen übrig.

Das Gradnetz ist von 5° zu 5° dargestellt. Die Kartenmitte P ist als Schnittpunkt des nördlichen Wendekreises mit dem 60°O-Meridian auszumachen: P(60°/23,44°). Der Wendekreis ist (wie der Äquator) durch eine Doppellinie hervorgehoben. Der Meridian kann allerdings nur aufgrund eingezeichneter geographischer Merkmale identifiziert werden, da die Beschriftung unleserlich ist. Die drei Meridiane, die durch das Schwarze Meer gehen, zeigen eine gute Übereinstimmung mit dem 30°O-, dem 35°O- und dem 40°O-Meridian in heutigen Karten. Damit wäre der die beiden Hälften der Weltkarte begrenzende Kreisdurchmesser als Bild des 60°O-Meridians identifiziert.

Für die Berechnung der Augdistanz $d = \overline{OP}$, den Abstand des Augpunktes O von der Kartenmitte P, habe ich zunächst eine Funktionsgleichung $y = f(\alpha)$ abgeleitet, die den Zusammenhang zwischen den y-Koordinaten der auf besagtem Meridianbild (als y-Achse, Ursprung P) liegenden Schnittpunkte Q^c der Breitenkreisbilder und einem Winkel $\alpha = \beta - \gamma$ beschreibt, wie in Fig. 18 verdeutlicht wird. Dieser Winkel ist die Differenz aus der geogr. Breite β des Urbildes

Q und der geogr. Breite $\gamma \approx 23{,}44°$ des nördl. Wendekreises. Der Berechnung liegt wiederum eine Einheitskugel zugrunde.

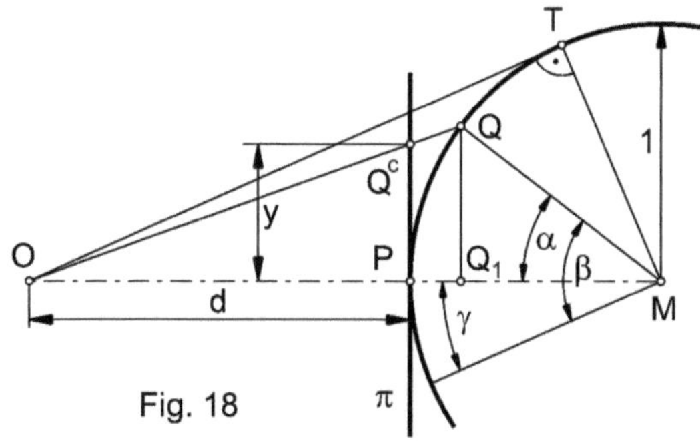

Fig. 18

$$y : d = \overline{QQ_1} : (d + \overline{PQ_1}) \text{ mit } \overline{QQ_1} = \sin\alpha \text{ und } \overline{PQ_1} = 1 - \cos\alpha$$

$$\Rightarrow y = \frac{d.\sin\alpha}{d+1-\cos\alpha} \quad (15)$$

Auf den Kopien der Dürerschen Weltkarte (Format 106 x 160 mm) sollen nun zwei Schnittpunkte Q_1 und Q_2 des 60°-Meridians mit Breitenkreisen k_1 (Breite β_1) bzw. k_2 (Breite β_2) ausgewählt und ihre orientierten Abstände von der Kartenmitte P (in mm) gemessen werden: $\overline{PQ_1} = q_1$, $\overline{PQ_2} = q_2$. (Für Q-Punkte unterhalb von P ist der Messwert negativ zu nehmen.) Unter Berücksichtigung eines Maßstabsfaktors k gilt dann $q_1 = k.y_1 = k.f(\alpha_1)$ und $q_2 = k.y_2 = k.f(\alpha_2)$. Das führt mit Benützung der Formel (15) zu folgender Proportion:

$$k.y_1 : k.y_2 = q_1 : q_2 \text{ oder } y_1 : y_2 = q_1 : q_2, \text{ also}$$

$$\frac{d.\sin\alpha_1}{d+1-\cos\alpha_1} : \frac{d.\sin\alpha_2}{d+1-\cos\alpha_2} = q_1 : q_2$$

Die Umformung dieser Proportion mit dem Ziel einer expliziten Darstellung von d ergibt

$$d = \frac{q_2.\sin\alpha_1.(1-\cos\alpha_2) - q_1.\sin\alpha_2.(1-\cos\alpha_1)}{q_1.\sin\alpha_2 - q_2.\sin\alpha_1} \quad (16)$$

Dürers Weltkarte, linkes Folioblatt
Holzschnitt, Graphische Sammlung Albertina, Wien

Dürers Weltkarte, rechtes Folioblatt
Holzschnitt, Graphische Sammlung Albertina, Wien

Setzt man nun in Formel (16) die Messgrößen q_1 und q_2 sowie die zugehörigen Winkel $\alpha_1 = \beta_1 - \gamma$ und $\alpha_2 = \beta_2 - \gamma$ ein, dann liefert der Taschenrechner ein Ergebnis für d, das allerdings je nach Wahl der Punkte Q_1 und Q_2 gewaltigen Schwankungen unterliegt. Ich führe das darauf zurück, dass die Größen q_1 und q_2, aber auch β_1 und β_2 den mir zur Verfügung stehenden Vorlagen nur näherungsweise entnommen werden können, was sich ganz unterschiedlich auswirkt. Der Mittelwert verschiedener von mir durchgeführter Berechnungen liegt bei 4,2, was auch mit dem anhand größerer Kopien schon anlässlich einer früheren Veröffentlichung (siehe Literaturverzeichnis) ermittelten Ergebnis übereinstimmt.

Bezogen auf den Erdradius $R \approx 6.370$ km folgt daraus die Feststellung: Dürers Weltkarte gleicht einem Foto der Erde, das ein Satellit liefert, der sich in einer Höhe von ca. 27.000 km über einer Stelle im Golf von Oman mit den geogr. Koordinaten $\lambda = 60°$O und $\beta = 23{,}44°$N befindet. (Die Stelle ist dem Diercke-Atlas entnommen.)

Wird der Wert 4,2 für d und damit $a = -5{,}2$ in die Formelgruppe (7) eingebracht, so gelangt man, natürlich auch nur näherungsweise, zu den für diesen speziellen perspektivischen Entwurf maßgeblichen Abbildungsgleichungen:

$$x \approx (-4{,}2).\cos\beta.\sin(\lambda - 60°) : n(\lambda, \beta) \quad (17a)$$

$$y \approx (-4{,}2).[\sin\beta.\cos\gamma - \cos\beta.\sin\gamma.\cos(\lambda - 60°)] : n(\lambda, \beta) \quad (17b)$$

$$\text{mit } n(\lambda, \beta) \approx (-5{,}2) + \sin\beta.\sin\gamma + \cos\beta.\cos\gamma.\cos(\lambda - 60°) \quad (17c)$$

Mit Hilfe dieser Formeln lässt sich nun die Genauigkeit des Entwurfes von Stabius überprüfen; die Rechenergebnisse für die Koordinaten x und y der Bildpunkte müssen allerdings noch mit dem Maßstabsfaktor k multipliziert werden, um eine Übereinstimmung mit den Messergebnissen feststellen zu können.

Dieser Maßstabsfaktor ergibt sich, wenn wir z. B. einen bestimmten y-Wert unter Verwendung von $d = 4{,}2$ nach Formel (15) berechnen und mit dem zugehörigen Messwert vergleichen. Auch dabei empfehlen sich mehrere Versuche, die Streuung ist aber gering und bewegt sich um k = 90. Mit diesem Faktor lässt sich nun die Übereinstimmung der Rechenergebnisse, welche die Formelgruppe (17) liefert, mit Messergebnissen anhand beliebig vieler Schnittpunkte von Meridianen und Breitenkreisen überprüfen. Diese Übereinstimmung ist überraschend groß. Ich habe die Karte und die Abbildungsgleichungen anhand der Punkte A(90°/0°), B(45°/60°), C(15°/-10°) und D(60°/45°) überprüft. Nur zwei x-Werte unter den insgesamt acht Messwerten weichen von den berechneten Werten merklich, und zwar um je einen Millimeter, ab. Schaut man genauer hin, so lässt sich dort eine kleine Ungenauigkeit in der Karte feststellen. (Die Abstände des Schnittpunktes des betreffenden Breitenkreises mit dem betreffenden Meridian zu den benachbarten Meridianschnittpunkten sind nicht gleich groß.)

Zuletzt ein paar Erklärungen dazu, was auf der Dürerschen Karte noch zu sehen ist: In den beiden oberen Ecken befindet sich eine Widmung an den späteren Salzburger Erzbischof (und Kardinal) Matthäus Lang von Wellenburg (1468 bis 1540) sowie dessen Wappen, links unten das Wappen des Johannes Stabius und rechts unten das kaiserliche Privileg von 1515. Weiters wird das Bild der östlichen Erdhälfte, das im Prinzip die ganze damals bekannte Alte Welt umfasst, von zwölf sogenannten „Windköpfen“ umrahmt.

Wikipedia zeichnet von dem beim Dürerschen Werk offenbar als Sponsor in Erscheinung getretenen, zunächst bürgerlichen Matthäus Lang ein farbiges Bild. 1486 erwarb dieser in Ingolstadt das artistische Baccalaureat, muss also dort zusammen mit Stabius studiert haben, 1490 in Tübingen einen Magister und 1494 in Wien das juristische Lizensiat. Geadelt wurde er als Sekretär von Kaiser Maximilian I., an dessen Hof er wohl wiederum mit Stabius in Berührung gekommen sein muss. 1505 wurde Matthäus Lang von Wellenburg Fürstbischof von Gurk-Klagenfurt (bis 1522) und 1510 übernahm er auch noch das Bischofsamt im spanischen Cartagena.

Aber erst anlässlich seiner Ernennung zum Erzbischof von Salzburg im Jahr 1519 empfing er die Priesterweihe und unmittelbar danach die Bischofsweihe. 1522 ließ sich der neue Fürsterzbischof von Albrecht Dürer porträtieren. Nachdem bereits vorher die Bürger der

Stadt Salzburg gegen ihn aufbegehrt hatten kam es 1525/26 zu einem großen Bauernaufstand, wo den Salzburgern auch der Tiroler Bauernführer Michael Gaismair zu Hilfe eilte. Anfang Juli 1526 wurden die Bauern schließlich bei Radstadt vom fürstlichen Söldnerheer entscheidend geschlagen. Nach dem kostspieligen Krieg musste der prunkliebende Erzbischof kürzer treten und widmete sich bis zu seinem Tod vor allem einer rigorosen Bekämpfung der jungen Reformationsbewegung in seinem Herrschaftsgebiet.

Abschnitt 3:

Analytische Azimutalentwürfe

In diesem Abschnitt werden drei Azimutalentwürfe vorgestellt, die nicht als Ergebnisse von Projektionen im streng geometrischen Sinn interpretiert werden können, sondern die nur rechnerisch (analytisch) begründbar sind und die bei Prof. Bretterbauer *analytische Entwürfe* genannt werden. Es handelt sich zunächst um einen recht einfach herzuleitenden abstandstreuen Entwurf, dann um den von Johann H. Lambert (siehe Personenregister) entwickelten flächentreuen Entwurf, und schließlich um die allein schon aufgrund ihrer Form ganz außergewöhnliche Herzkarte, die auf den schon mehrmals genannten Wiener Mathematiker Johannes Stabius zurückgeht.

Im Unterschied zu Abschnitt 2 wird hier nur auf die normalen Entwürfe und ihre Abbildungsgleichungen näher eingegangen, die sich über Polarkoordinaten und nach den in UA 1.5 genannten Gesetzmäßigkeiten für echte normale Azimutalentwürfe herleiten lassen.

3.1 Der abstandstreue Entwurf

Entwürfe dieser Art gehen schon auf Ptolemäus (siehe Personenregister) zurück. Für eine Kartenmitte P = N(0, 0, 1), die auch der Ursprung U eines Systems Uxy mit nach vorne weisender x-Achse ist, gilt hinsichtlich der Polarkoordinaten der Bildpunkte $\varphi = \lambda$ und r ist nur von der geogr. Breite β abhängig: $r = r(\beta)$.

Wenn der Entwurf abstandstreu sein soll, dann müssen die Bilder der Breitenkreise Radien besitzen, die mit dem sphärischen Abstand ihrer Punkte von der Kartenmitte N übereinstimmen, woraus sich die Bedingung $r(\beta) = \mathrm{arc}(90° - \beta)$ ergibt. Jedes Paar von Polarkoordinaten (φ, r) bestimmt genau einen Ort auf der Karte. Mit Hilfe der Formelgruppe (2) ergeben sich daraus die für den *normalen abstandstreuen Azimutalentwurf* geltenden Abbildungsgleichungen

$$x = \mathrm{arc}(90° - \beta).\cos\lambda,\ y = \mathrm{arc}(90° - \beta).\sin\lambda \quad (18)$$

Die Verzerrungen nehmen nach außen hin immer stärker zu, weshalb es geraten erscheint, den Entwurf spätestens mit dem Äquatorbild zu beranden.

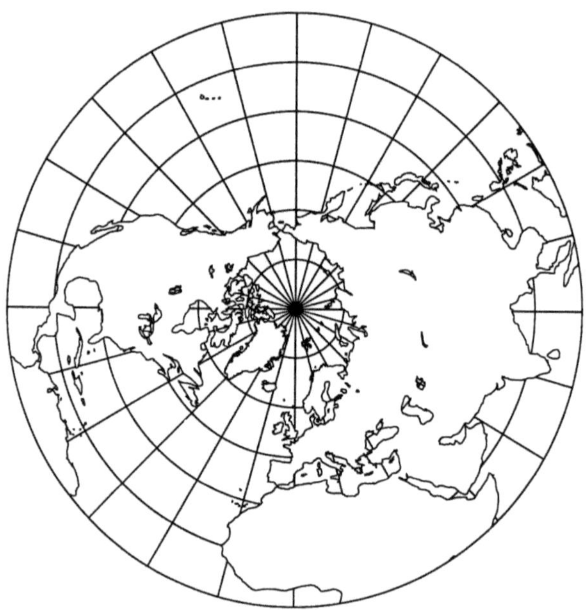

Im Diercke-Atlas sind auf den Seiten 166 und 167 abstandstreue Azimutalentwürfe der beiden Polargebiete enthalten.

3.2 Der flächentreue Entwurf

Dieser Entwurf beruht auf einer Übereinstimmung zwischen dem Inhalt von Kreisflächen und von Kugelzonen, insbesondere Kalotten, auf der Einheitskugel. Für Letztere gilt allgemein die Flächenformel $A = 2rh.\pi$, also für die Einheitskugel $A = 2h.\pi$, worin h die Höhe der zugehörigen Kugelschichte bzw. des Kugelsegments ist (Fig. 19). Dessen Schnittkreis k_1 habe den Radius r_1. Für diesen gilt nach Pythagoras $r_1^2 = 1^2 - (1 - h)^2 = 2h - h^2$, und für die Seitenlänge s des dem Segment eingeschriebenen Drehkegels mit der Spitze P gilt $s^2 = h^2 + r_1^2 = h^2 + 2h - h^2 = 2h$. Daher hat ein Kreis mit dem Radius s denselben Flächeninhalt $A = s^2.\pi = 2h.\pi$ wie die Kugelkalotte.

Das gilt für jeden Punkt P als Kartenmitte, was den darauf beruhenden Entwurf so besonders praxistauglich macht. Gleichwohl wird dieser im Folgenden aber nur für den polständigen Sonderfall, also für P = N, weiter behandelt.

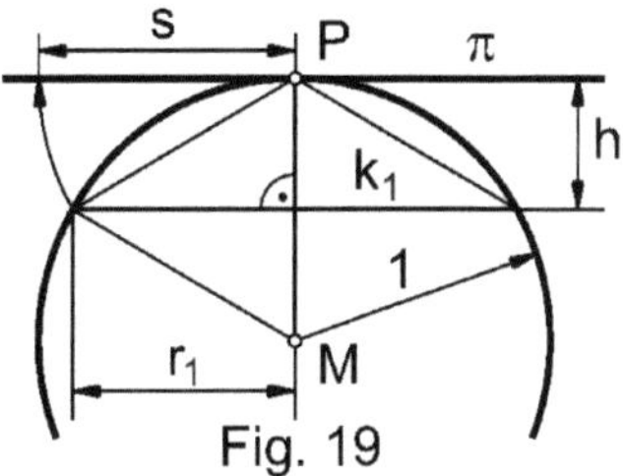

Fig. 19

Was in Fig. 20 veranschaulicht wird, das ist zwar keine Projektion im streng geometrischen Sinn, aber doch eine durch Kreisbögen verursachte bijektive Zuordnung zwischen den Breitenkreisen auf der Einheitskugel und Kreisen mit dem Mittelpunkt N und dem Radius s in der zu N gehörigen Tangentialebene π. In der durch eine 90°-Drehung aufgedeckten Halbebene sind die Meridian- und Breitenkreisbilder von 30° zu 30° dargestellt.

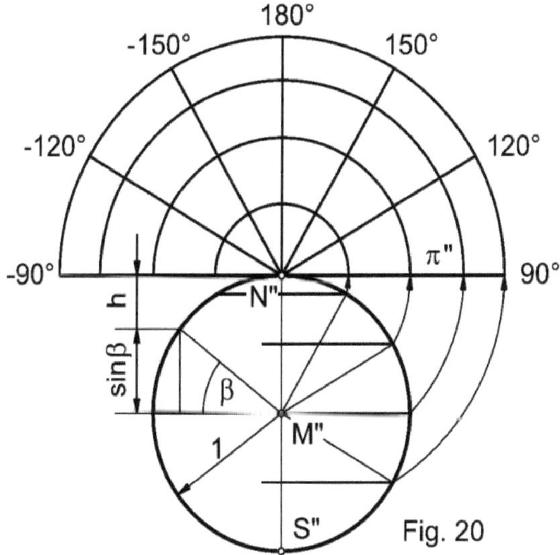

Fig. 20

Das Wesentliche an dieser Abbildung ist, dass diese Kreise denselben Flächeninhalt aufweisen wie die vom zugehörigen Breitenkreis begrenzte Kugelkalotte. Diese Abbildung ist daher flächentreu. Das folgt, wie auch bei allen weiteren noch zu behandelnden flächentreuen Entwürfen, aus dem von der Integralrechnung her bekannten Verfahren, kleine und kleinste Teilflächen zu einem größeren Ganzen zu summieren. Denn die von den Breitenkreisen erzeugte Segmentierung der Kalotte kann beliebig „dicht“ gemacht werden und für jede auch noch so schmale Kugelzone gilt die Flächengleichheit mit dem zugeordneten Kreisring.

Recht einfach sind auch die Abbildungsgleichungen für den *normalen flächentreuen Azimutalentwurf* herzuleiten, weil $\varphi = \lambda$ und (nach Fig. 20) $r = r(\beta) = s(\beta)$ mit $s^2 = 2h = 2.(1 - \sin\beta)$ sein muss. Aus $s = \sqrt{2 - 2\sin\beta}$ und der Formelgruppe (2) ergibt sich somit

$$x = \sqrt{2 - 2\sin\beta}.\cos\lambda,\ y = \sqrt{2 - 2\sin\beta}.\sin\lambda \qquad (19)$$

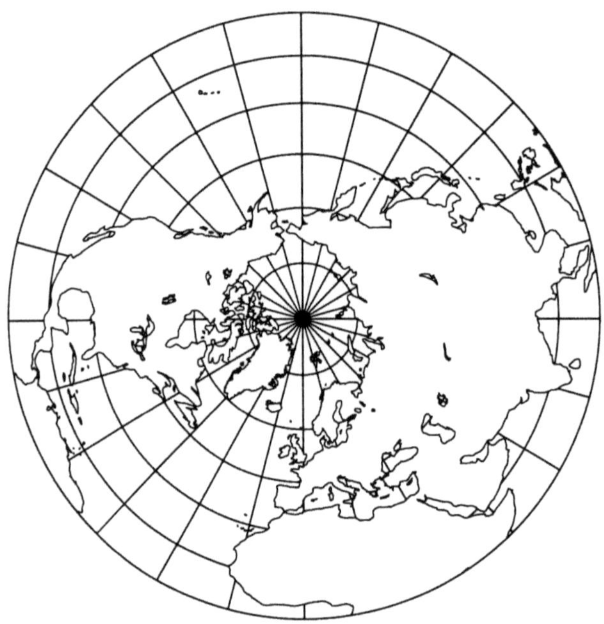

Das Verfahren ist zwar grundsätzlich auf die ganze Kugelfläche anwendbar, doch werden die Verzerrungen mit zunehmenden sphärischen Abständen von der Kartenmitte immer größer und der Antipodenpunkt artet überhaupt in einen Kreis mit dem Radius 2 aus. Umso genauer wird dafür die Abbildung in der näheren Umgebung der

Kartenmitte, dort weist der flächentreue Entwurf im Vergleich zu allen anderen Azimutalentwürfen die geringsten Verzerrungen auf.

Bezeichne c_0 die Länge einer Kurve, die ganz auf der vom 80°-Breitenkreis begrenzten Kalotte liegt und c die Länge ihrer Bildkurve sowie $q = \frac{c}{c_0}$ den Quotienten der beiden Längen. Für die verschiedenen Entwürfe gelten dann (nach Prof. Havlicek) die folgenden Verzerrungsquotienten und maximalen Abweichungen in Prozent:

Orthographische Projektion	$0{,}9848 \leq q \leq 1{,}0000$	1,52%
Stereographische Projektion	$1{,}0000 \leq q \leq 1{,}0077$	0,77%
Gnomonische Projektion	$1{,}0000 \leq q \leq 1{,}0311$	3,11%
Abstandstreuer Azimutalentwurf	$1{,}0000 \leq q \leq 1{,}0051$	0,51%
Flächentreuer Azimutalentwurf	$0{,}9962 \leq q \leq 1{,}0038$	0,38%

Führt man einen entsprechenden Vergleich auf der vom 70°-Breitenkreis begrenzten Kalotte durch, dann ergeben sich folgende Werte:

Orthographische Projektion	$0{,}9397 \leq q \leq 1{,}0000$	6,03%
Stereographische Projektion	$1{,}0000 \leq q \leq 1{,}0311$	3,11%
Gnomonische Projektion	$1{,}0000 \leq q \leq 1{,}1325$	13,25%
Abstandstreuer Azimutalentwurf	$1{,}0000 \leq q \leq 1{,}0206$	2,06%
Flächentreuer Azimutalentwurf	$0{,}9848 \leq q \leq 1{,}0154$	1,54%

Vielen Karten in österr. Schulatlanten liegt ein flächentreuer Lambertscher Azimutalentwurf zugrunde, so im Diercke-Atlas insgesamt zwölf schiefachsige von ganzen Kontinenten bzw. Kontinentteilen (meist M 1 : 16.000.000) sowie auf Seite 133 ein äquatorständiger Entwurf von Afrika (M 1 : 36.000.000) mit der Kartenmitte P(15°/0°).

3.3 Die Herzkarte von Stabius-Werner

Wegen der Winkeltreue in der Kartenmitte – dem Nordpol N – und der kreisförmigen konzentrischen Breitenkreisbilder wird dieser

Entwurf zu den Azimutalentwürfen gezählt, allerdings zu den unechten, weil die Meridianbilder nicht geradlinig verlaufen. Es gibt aber auch Publikationen, in denen der *Stabius-Werner-Entwurf*, kurz als *Herzkarte* bezeichnet, zu den Kegelentwürfen gezählt wird.

Der Name Stabius ist in die Wissenschaft vor allem aufgrund dieses herzförmigen Kartenentwurfs eingegangen, den der Wiener Mathematiker um 1500 entwickelt hat und der im Jahr 1514 von seinem Nürnberger Kollegen Johannes Werner veröffentlicht worden ist. Als entwicklungsgeschichtlich ältester flächentreuer Entwurf überhaupt nimmt er über seine Form hinaus eine ganz hervorragende Stellung ein, zumal er auch noch längentreu hinsichtlich des Nullmeridians und aller Breitenkreise, und damit auch abweitungstreu, ist. Er findet sich in den Standardwerken zur Kartographie meist unter dem Stichwort „Stab-Werner-Projektion". Das ist allein schon deswegen falsch, weil Stabius zu deutsch nicht Stab geheißen hat, sondern Stöberer oder Stöbrer.

Ohne die folgende Erwähnung von Werner wäre Stabius mit diesem Entwurf überhaupt nicht in Zusammenhang gebracht worden, weil er ihn selbst nie publiziert hat. Werner gab 1514 eine Neubearbeitung des 1. Buches der Geographie von Ptolemäus heraus, die im Anhang neben anderen auch den herzförmigen Entwurf enthielt. Er übermittelte diese seine Arbeit dem Nürnberger Ratsmitglied und Humanisten Willibald Pirckheimer (1470 bis 1530) mit folgendem Begleittext: „Ich habe beschlossen, Dir dieses Büchlein zu widmen, das ich über die neuen vier Darstellungen des Erdkreises in der Ebene ... geschrieben habe, wobei mir Johannes Stabius, der außergewöhnliche Mathematiker, die Theorie und die Grundsätze eben dieser Darstellungen dargeboten hatte ..."

Schließlich wurde Stabius die Urheberschaft an der herzförmigen Weltkarte auch vom Geographen Bernhard da Sylva streitig gemacht, der eine solche Darstellung bereits 1511 in einer Ptolemäusausgabe veröffentlicht hat. Die einschlägige Forschung ist sich aber seit gut hundert Jahren darin einig, dass Stabius der „Erfinder" der Herzkarte ist, die Bernhard da Sylva vielleicht unabhängig von ihm, aber jedenfalls später, entwickelt hat.

Die Entwurfidee besteht darin, die Kugelzonen zwischen je zwei Breitenkreisen auf Teile von ebenen Kreisringen abzubilden, welche mit den zugehörigen Kugelzonen jeweils flächengleich sind. Das ist offensichtlich dann der Fall, wenn die Breite der Kreisringe mit dem sphärischen Abstand der Breitenkreise übereinstimmt und wenn die Längen der begrenzenden Kreisbögen mit den Umfängen der Breitenkreise übereinstimmen. Fig. 21 zeigt das Ergebnis:

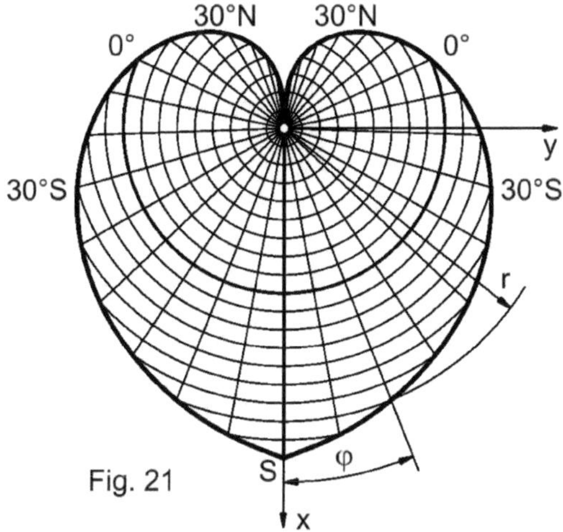

Fig. 21

Der sphärische Abstand zwischen Nord- und Südpol beträgt 180°, als Bogenlänge auf der Einheitskugel also arc180° = π. Eine Strecke NS mit der Länge π kann daher als längentreues Bild eines Meridians, z. B. des Nullmeridians, gelten. Jedem Punkt zwischen N und S kann dann eine geogr. Breite β derart zugeordnet werden, dass sein Abstand r(β) von N mit dem sphärischen Abstand des betreffenden Breitenkreises vom Nordpol übereinstimmt. Die entsprechende Formel lautet

$$r = r(\beta) = \frac{\pi}{2} - \frac{\pi}{180}.\beta = \frac{\pi.(90 - \beta)}{180}$$

Zieht man um N zwei konzentrische Kreise k_1 und k_2 mit den Radien $r(\beta_1)$ und $r(\beta_2)$, so entspricht die Breite des von ihnen begrenzten Kreisringes dem sphärischen Abstand der zugehörigen Breitenkreise. Man hat also, um die oben genannte Bedingung zu erfüllen, diese zwei Kreislinien noch so zu begrenzen, dass ihre Bogenlängen mit den Umfängen der betreffenden Breitenkreise übereinstimmen.

Das geschieht am besten symmetrisch zur Strecke NS: Der zum Winkel 2φ (Fig. 21) gehörige Kreisbogen mit dem Radius r(ß) und der Länge b muss gleich lang sein wie der Umfang (Länge u) des Breitenkreises mit dem Radius cosβ.

$$b = 2r(\beta)\pi.\frac{2\varphi}{360},\ u = 2\pi.\cos\beta \text{ und } b = u \Rightarrow$$

$$2r(\beta)\pi.\frac{2\varphi}{360} = 2\pi.\cos\beta \Rightarrow \frac{r(\beta).\varphi}{180} = \cos\beta \Rightarrow \varphi = \varphi(\beta) = \frac{180.\cos\beta}{r(\beta)}$$

Die so berechneten Zahlenpaare (r, φ) legen als Polarkoordinaten in einem ebenen Koordinatensystem mit dem Ursprung U = N und der nach S hin gerichteten Nullachse (NS) in der Stabius-Werner-Karte den 180°-Meridian fest; durch Spiegelung an (NS) entsteht die Herzform.

Die anderen Meridianbilder ergeben sich durch Unterteilung der Breitenkreisbilder links und rechts der Nullachse in je 180 gleiche Teile. Rechnerisch bedeutet das eine Multiplikation des obigen φ(β) mit $\frac{\lambda}{180}$, wodurch sich $\varphi(\lambda, \beta) = \frac{\lambda.\cos\beta}{r(\beta)}$ ergibt. Dieser Term ordnet zusammen mit $r(\beta) = \frac{\pi.(90-\beta)}{180}$ den Orten P(λ/β) auf der Erdkugel die Polarkoordinaten der zugehörigen Punkte auf der Herzkarte umkehrbar eindeutig zu.

Unterlegt man die Karte schließlich noch mit einem kartesischen Achsensystem Uxy mit U = N und der Nullachse als x-Achse, so sind nur noch die Formeln (2), nämlich $x = r.\cos\varphi$ und $y = r.\sin\varphi$ anzuwenden, um zu den folgenden Abbildungsgleichungen des Stabius-Werner-Entwurfes und über sie zum angeschlossenen Computerausdruck zu gelangen.

$$x = \frac{\pi.(90-\beta)}{180}.\cos\frac{180\lambda.\cos\beta}{\pi.(90-\beta)},\ y = \frac{\pi.(90-ß)}{180}.\sin\frac{180\lambda.\cos\beta}{\pi.(90-\beta)} \quad (20)$$

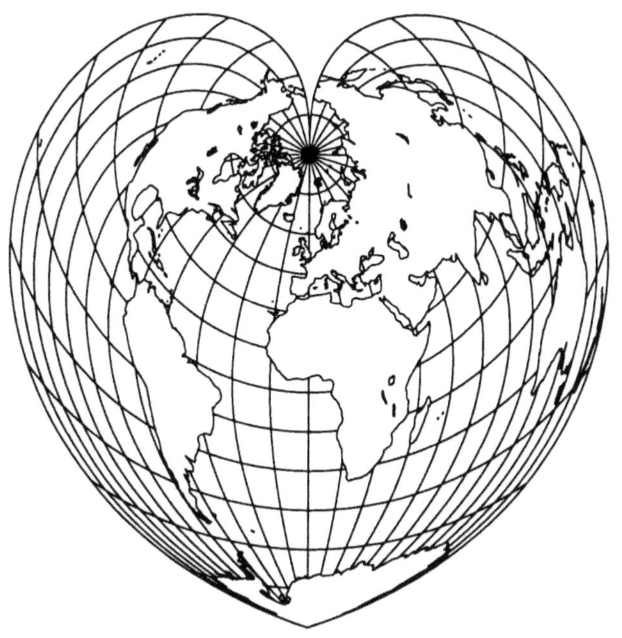

Der Abstand zwischen Nord- und Südpol beträgt in diesem Ausdruck ziemlich genau 65 mm, die zugehörige wahre Länge, bezogen auf die Einheitskugel, beträgt arc180° = π. Das ergibt für den Maßstabsfaktor k, wie ein solcher schon in UA 1.5 genannt worden ist, einen Wert von ca. 20,7. Rechnet man mit Hilfe der Formelgruppe (20) die geogr. Koordinaten einzelner Punkte auf kartesische Koordinaten um, so kann mit Hilfe dieses Maßstabsfaktors das Rechenergebnis anhand der Computergraphik überprüft werden.

Der Vollständigkeit halber sei noch erwähnt, dass es sich beim Stabius-Werner-Entwurf um einen Sonderfall des im Jahr 1752 vom französischen Kartographen Rigobert Bonne (1727 bis 1795) publizierten flächentreuen Entwurfs handelt. Dieser *Bonne-Entwurf* war zunächst vielfach in Gebrauch, z. B. bei einer Karte von Mitteleuropa im Maßstab 1 : 750.000 des österr. Militärgeographischen Instituts im Rahmen der Franzisco-Josephinischen Landesaufnahme und beim ältesten amtlichen Kartenwerk der Schweiz (1840). Später ist man allerdings aufgrund von Verzerrungsanalysen, die den Bonne-

Entwurf „ohne Einschränkungen als schlecht“ klassifiziert haben, zu Gunsten weniger verzerrender flächentreuer Entwürfe von diesem wieder gänzlich abgekommen.

Abschnitt 4:

Zylinderentwürfe

Bei den Zylinderentwürfen steht die Abbildung der ganzen Erdoberfläche im Vordergrund und ihre Vielfalt übersteigt die der Azimutal- und Kegelentwürfe beträchtlich. Nicht zuletzt deswegen wird das Thema – mit einer Ausnahme – auf normale Entwürfe eingeschränkt. Eine Untergliederung in echte und unechte ist bei den Zylinderentwürfen deswegen sinnvoll, weil alle echten Entwürfe Rechtecke bilden, die mit einem rechteckigen Maschengitter von Längen- und Breitenkreisbildern überzogen sind. Insbesondere aus dem Fernsehen sind solche Bilder gut bekannt. Bei den unechten Entwürfen verlaufen die Meridianbilder, abgesehen vom Mittelmeridian, nicht geradlinig und können die i. A. als parallele Strecken erscheinenden Breitenkreise daher auch nicht rechtwinklig schneiden. Kein solcher Entwurf ist also winkeltreu. Die Begrenzung der unechten Entwürfe durch krumme Linien vermittelt allerdings einen besseren Eindruck von der runden Erde als die rechteckigen Karten.

Wir sprechen von einem normalen *Berührzylinderentwurf* (mit dem Radius r = 1), wenn der Drehzylinder mit der Achse a = (NS) den Globus längs des Äquators berührt. Ein normaler *Schnittzylinderentwurf* liegt vor, wenn der Zylinder den Globus nach zwei Kreisen mit den geogr. Breiten $\pm\beta_0$ schneidet. Für dessen Radius gilt dann $r = \cos\beta_0$ und β_0 wird als *Schnittbreite* bezeichnet. (Achtung: Der ohnehin nur virtuell vorhandene Drehzylinder verbindet zwar immer die beiden Schnittkreise, deren Abstand variiert aber je nach Abbildungsart. So beträgt er z. B. bei Netzprojektion $2.\sin\beta_0$ und stimmt mit der entsprechenden Lageskizze überein, bei Flächentreue aber $2.\tan\beta_0$ und bei Abstandstreue $2.\mathrm{arc}\beta_0$, siehe UA 4.2 bzw. 4.3.)

In beiden Fällen wird das Äquatorbild als x-Achse und das Bild des Mittelmeridians, vorzüglich des Nullmeridians, als y-Achse eines Achsensystems Uxy eingeführt, sodass dann U(0, 0) = U(0°/0°) gilt. Hinsichtlich der Herleitung der Abbildungsgleichungen $x = f(\lambda, \beta)$ und $y = g(\lambda, \beta)$ erübrigt sich der Umweg über Polarkoordinaten. Bei den echten Entwürfen darf man sich den Zylinder für die Verebnung längs der dem Ursprung diametral gegenüberliegenden Erzeugenden aufgeschnitten denken.

Zu den bekanntesten echten Zylinderentwürfen gehören der von Johann H. Lambert entwickelte flächentreue Entwurf, die Plattkarten und die winkeltreue Mercatorsche Seekarte, benannt nach Gerhard Kremer (siehe Personenregister), der sich den Humanistennamen Mercator zugelegt hat. Von den vielen unechten Entwürfen werden nur die „klassischen“, wie z. B. der von Mollweide, vorgestellt.

4.1 Der Archimedes-Lambert-Entwurf

Nach dem griechischen Mathematiker und Ingenieur Archimedes (siehe Personenregister) haben der Mantel eines gleichseitigen Zylinders (h = 2r) und die Oberfläche der ihm eingeschriebenen Kugel denselben Flächeninhalt $A = 4r^2\pi$.

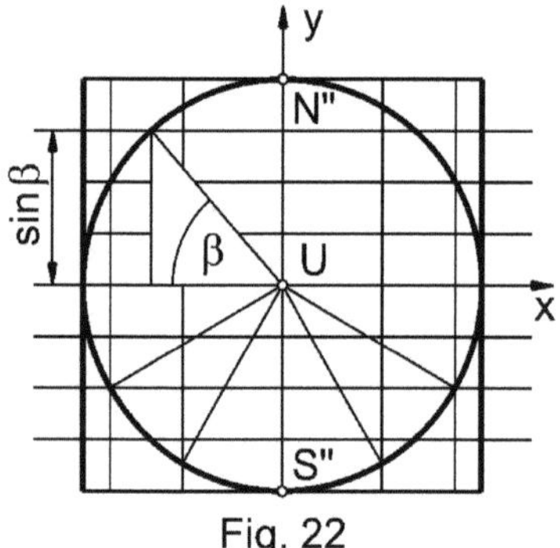

Fig. 22

Weniger bekannt ist, dass Archimedes auch die Flächengleichheit bei zugeordneten Teilflächen herausgefunden hat, nämlich der drehzylinderförmigen Ringe und der Kugelzonen (insbes. Kalotten), die durch ebene Schnitte normal zur Zylinderachse entstehen (Fig. 22). Die entsprechende Formel ist bereits in UA 3.2 angegeben und benützt worden.

Bildet man also einen Globus durch Netzprojektion, wie in UA 1.4 beschrieben, auf den ihm umschriebenen gleichseitigen Zylinder ab, so entstehen auf diesem durch Breitenkreisbilder berandete Ringe und in der Verebnung rechteckige Streifen, die flächengleich mit den zugehörigen Kugelzonen sind. Da die Segmentierung beliebig „fein“ gemacht werden kann, folgt nach der Schlussweise der Integralrechnung die Flächentreue der ganzen Abbildung.

Die Abbildungsgleichungen des *Archimedes-Lambert-Entwurfs* mit Bezug auf das seiner Lage nach bereits beschriebenene Koordinatensystem Uxy folgen aus der Graduierung des (längentreu abgebildeten) Äquators (= x-Achse) entsprechend den geogr. Längen seiner Punkte bzw. sind aus Fig. 22 unmittelbar abzulesen:

$$x = \text{arc}\lambda \text{ und } y = \sin\beta \quad (21)$$

Die Verebnung des kompletten Zylindermantels ergibt ein Rechteck mit den Maßen u = 2π und h = 2. Oben und unten wird es von den zu Strecken ausgearteten Bildern des Nord- und des Südpols begrenzt, links und rechts von den beiden Bildern der Datumsgrenze. Die nachfolgende Computerzeichnung zeigt, dass die Bildwirkung in der Umgebung des Äquators recht gut ist, die Verzerrung nach den Polen hin aber immer stärker zunimmt. Ab etwa β = ±45° ist die Karte wohl unbrauchbar.

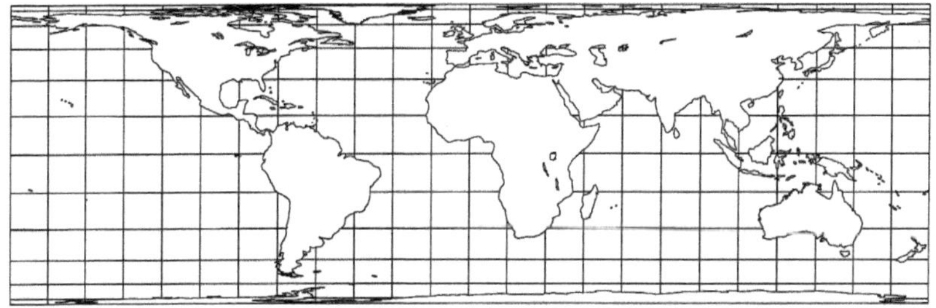

4.2 Der flächentreue Schnittzylinderentwurf

Verwendet man bei sonst gleichen Bedingungen anstelle eines berührenden Drehzylinders einen Schnittzylinder mit der Schnittbreite β_0, wodurch die Parallelkreise mit den geogr. Breiten $\pm\beta_0$ längentreu abgebildet werden und die Meridianbilder näher zusammenrücken, so ginge bei Netzprojektion die Flächentreue verloren. Analytisch kann das Problem aber gelöst werden, indem man auch die Abstände der Breitenkreisbilder verändert. Ein Rechteckstreifen (als Verebnung eines Zylinderringes) mit den Maßen $u = 2\cos\beta_0.\pi$ und $h = \frac{\sin|\beta|}{\cos\beta_0}$ hat nämlich mit $A = 2\pi.\sin|\beta|$ (Fig. 22) denselben Flächeninhalt wie eine vom Äquator und dem Breitenkreis mit der geogr. Breite β berandete Kugelzone. Die Abbildungsgleichungen für den *flächentreuen Schnittzylinderentwurf* lauten also

$$x = \cos\beta_0.\text{arc}\lambda, \quad y = \frac{\sin\beta}{\cos\beta_0} \qquad (22)$$

Der folgenden Karte liegt eine Schnittbreite von 20° zugrunde. Die Bildwirkung erscheint geringfügig besser als beim Archimedes-Lambert-Entwurf.

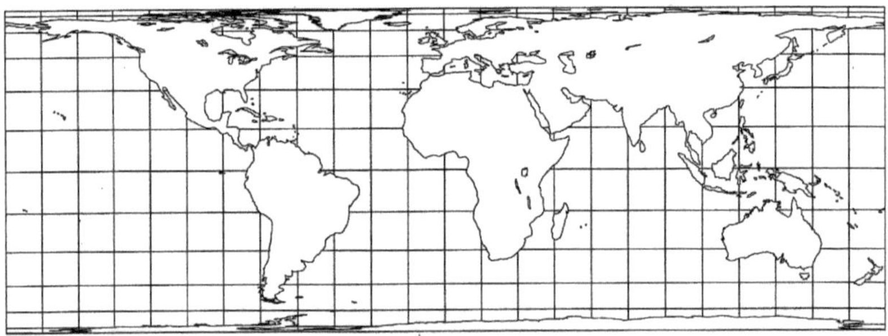

4.3 Plattkarten

Die wohl einfachste Methode, die Erdkugel rechteckig abzubilden, geht auf Marinos von Tyros (um 100 n. Chr.) zurück. Allerdings hat sich erst der portugiesische Mathematiker Pedro Nunes (1502 bis 1578) wissenschaftlich mit *Plattkarten* beschäftigt, vor allem hinsichtlich der Verzerrungen bei Seekarten. Lange Zeit eher wenig verwendet werden Plattkarten heutzutage in den modernen Geoinformationssystemen gerne eingesetzt.

Allen Plattkarten ist gemeinsam, dass sämtliche Meridiane isometrisch als parallele Strecken gleicher Länge π abgebildet werden.

Insofern handelt es sich also um die *abstandstreuen Zylinderentwürfe* mit $y = arc\beta$. Berührt der (fiktive) Drehzylinder als Bildfläche den Globus längs des Äquators, dann gilt $x = arc\lambda$ und das gesamte Rechteck mit den Abmessungen $u = 2\pi$ und $h = \pi$ wird von den Meridian- und Breitenkreisbildern mit einem Quadratraster überzogen, sofern $\Delta\lambda = \Delta\beta$ gilt. Die Abbildungsgleichungen einer *quadratischen Plattkarte* lauten also

$$x = arc\lambda, \quad y = arc\beta \quad (23)$$

Bei einem Schnittzylinderentwurf mit der Schnittbreite β_0 verkürzt sich die Breite der Karte auf $u = 2\cos\beta_0.\pi$, aus dem Quadratraster wird ein Rechtecksraster und die Abbildungsgleichungen der solchermaßen *rechteckigen Plattkarten* lauten

$$x = \cos\beta_0.arc\lambda, \quad y = arc\beta \quad (24)$$

Der folgenden Karte liegt eine Schnittbreite von 20° zugrunde. Die „Auflösung“ ist zu den Polen hin zweifellos besser als bei den vorgenannten Zylinderentwürfen, aber Flächentreue und Winkeltreue sind nicht gegeben.

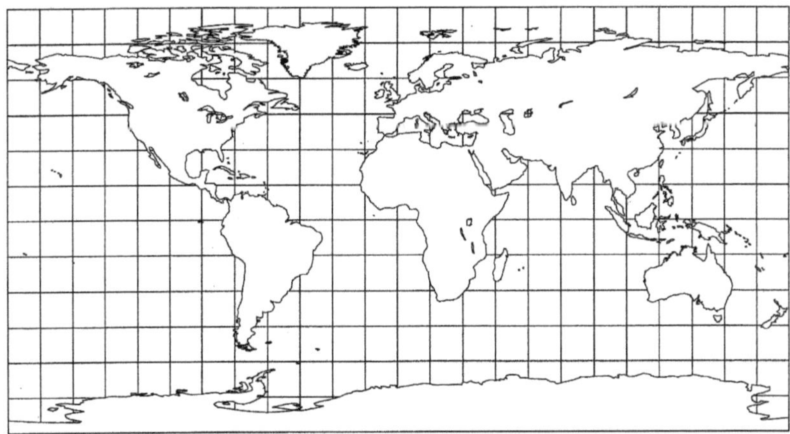

4.4 Die winkeltreue Mercator-Karte

Das ist der wahrscheinlich berühmteste Zylinderentwurf, und zwar allein schon deswegen, weil nach wie vor ungeklärt ist, wie Gerhard Kremer vulgo Mercator die zugehörige Rechnung bewältigen konnte, standen dem im Jahre 1594 Verstorbenen doch die Kalküle der Infinitesimalrechnung des erst um die Jahreswende 1642/43 geborenen Isaac Newton und des noch jüngeren Gottfried W. Leibniz nicht zur Verfügung.

Bei den Plattkarten bleibt die durch die parallelen Meridianbilder erzeugte Flächenausdehnung in Ost-West unberücksichtigt, bei den flächentreuen Entwürfen wird sie durch die Verringerung der Abstände der Breitenkreisbilder zu den Polen hin ausgeglichen. Mercators Königsidee war es nun, zur Erreichung einer winkeltreuen Abbildung das Gegenteil zu tun, nämlich in Nord-Süd-Richtung dieselbe Dehnung vorzunehmen wie die in Ost-West-Richtung gegebene. Diese findet mit dem Kehrwert des Cosinus der geogr. Breite statt und die y-Koordinaten der Bildpunkte errechnen sich mit dem Integral des Kehrwerts des Cosinus der geogr. Breite der Urbilder. Daraus ergeben sich für die *Mercator-Karte* die folgenden Abbildungsgleichungen:

$$x = \operatorname{arc}\lambda, \quad y = \ln[\tan(45° + \frac{\beta}{2})] \quad (25)$$

Die folgende Tabelle enthält die Abstände der Breitenkreisbilder vom Bild des Äquators von 15° zu 15° auf vier Dezimalen genau:

0°	15°	30°	45°	60°	75°	90°
0,0000	0,2648	0,5493	0,8814	1,3170	2,0276	∞

Weil der Tangenswert für 90° und damit auch sein Logarithmus über alle Grenzen geht, kann eine Mercator-Karte oben und unten nur von Breitenkreisbildern mit $|\beta| < 90°$ berandet werden. Beim folgenden Computerausdruck dürfte es sich um die beiden 80°-Breitenkreise bzw. deren Bilder handeln.

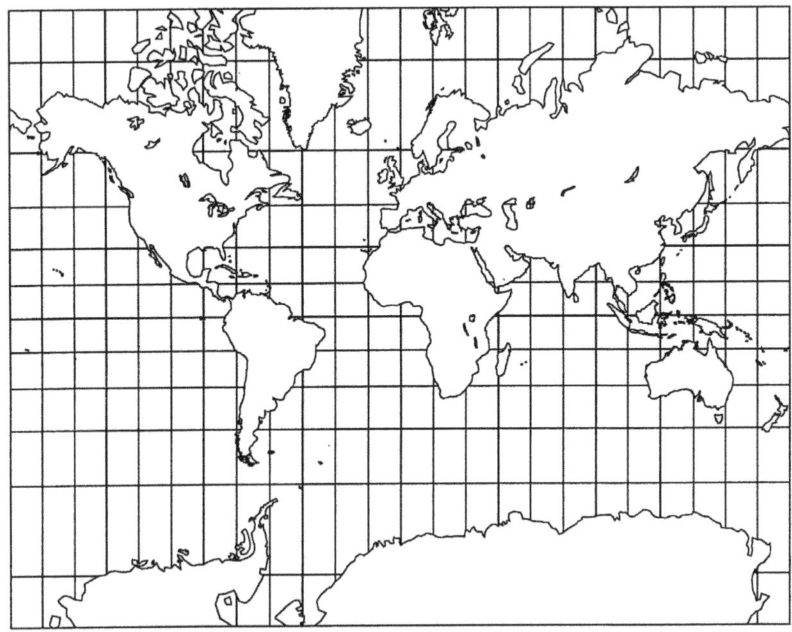

Der Mercator-Entwurf ist vor allem als Seekarte von Bedeutung. Weil die Magnetnadel auf der Kommandobrücke immer die Nord- und damit die Meridianrichtung angibt, wählt der Kapitän gerne einen Kurs, bei dem alle Meridiane unter gleichem Winkel geschnitten werden, um von A nach B zu gelangen. Ein solcher Kurs kann auf der Mercator-Karte als Strecke eingetragen werden. Auf dem Globus entspricht das einer *Loxodrome*, also einer jeden Meridian unter demselben Winkel schneidenden Kurve. Den kürzesten Weg von A nach B geben allerdings die Orthodromen (UA 2.3) an, weshalb diese als Fluglinien bevorzugt werden.

Kartographie und Ideologie

Im Jahr 1974 hat ein deutscher Historiker namens Arno Peters eine „bestmögliche Projektion" der ganzen Erdkugel vorgestellt und von den damit gezeichneten Karten behauptet, dass sie „grundsätzlich allen Karten überlegen sind, die auf herkömmlichen Projektionen beruhen". Herr Peters agierte damit ganz im Stil der 1968er-

Bewegung, die glaubte, die Welt neu erfinden zu müssen, und zwar unter Geringschätzung aller bisherigen Kulturleistungen und völlig unbelastet von kritischen Selbstzweifeln. Peters war erstens ein Nicht-Fachmann auf kartographischem Gebiet, und zweitens war sein Tun rein ideologisch motiviert. Er warf den anderen Weltkarten nämlich vor, durch eine Überdimensionierung Europas und Nordamerikas die Hegemonie der weißen Rasse auch bildlich betonen zu wollen und damit gegen die Regeln der „political correctness" zu verstoßen. Ein besonderer Dorn im Auge war ihm dabei die Mercator-Karte.

Nun vermittelt eine Karte, in der Grönland genau so groß wie ganz Afrika erscheint, natürlich einen falschen Eindruck von den Dimensionen, der allenfalls noch verstärkt wird, wenn eine Mercator-Karte im Süden schon beim Kap Hoorn endet, wie das z. B. im Diercke-Atlas auf den Seiten 184/185 der Fall ist. Aber natürlich hat das Mercator auch selbst gewusst; anlässlich seiner Veröffentlichung im Jahr 1569 hat er ausdrücklich darauf hingewiesen, dass seine Karte lediglich „ad usum navigantium", also zum Gebrauch für Seefahrer, gemacht sei und sich für geographische Zwecke nicht eigne.

Die Fachwelt wies die Kritik des Arno Peters in mehreren Stellungnahmen öffentlich zurück und machte insbesondere bekannt, dass die von Peters als seine Erfindung dargestellte und heftig beworbene *Peters-Projektion* in Wirklichkeit nur ein adaptierter Schnittzylinder-Entwurf mit der Schnittbreite 45° sei. Einen solchen hat der schottische Geistliche James Gall bereits 1885 als „Gall's Orthographic Projektion" veröffentlicht.

Anhand der in UA 4.2 gemachten Angaben zu den flächentreuen Schnittzylinderentwürfen lässt sich leicht nachvollziehen, dass die Peters-Karte eine erhebliche Stauchung in West-Ost-Richtung und eine erhebliche Dehnung in Nord-Süd-Richtung auszeichnet. Sie hat sich auch nicht durchgesetzt, zumal es Weltkarten gibt, die einen viel besseren Eindruck von der runden Erde vermitteln und die auch die von Peters kritisierten Mängel nicht aufweisen. Einige davon werden im Folgenden vorgestellt.

4.5 Der Mollweide-Entwurf

Der unechte flächentreue Zylinderentwurf des deutschen Mathematikers und Astronomen Carl Brandan Mollweide (1774 bis 1825) gehört sicher zu den schönsten Darstellungen der ganzen Erdoberfläche und darf daher auch in dieser Publikation nicht fehlen. Gleichwohl ist der *Mollweide-Entwurf*, vor allem rechnerisch, nicht so leicht nachvollziehbar wie die meisten der anderen hier behandelten Kartenentwürfe.

Es scheint auch erforderlich, noch vor dem Eingehen auf die konkrete Entwurfidee eine den Inhalt eines Kreisstreifens betreffende Rechnung durchzuführen. Der Streifen wird vom Durchmesser AB und einer dazu parallelen Sehne CD eines Kreises k mit dem Radius $r_k = \sqrt{2}$ begrenzt (Fig. 23). Das Achsensystem Uxy ist dasselbe, das später auch dem Mercator-Entwurf unterlegt wird, der Kreisdurchmesser NS wird zum Bild des Nullmeridians.

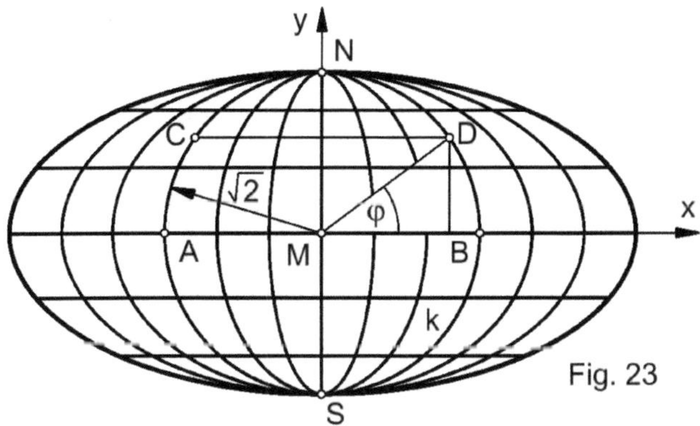

Fig. 23

Der Flächeninhalt des Kreisstreifens soll als Funktion jenes Winkels φ ausgewiesen werden, welcher den Zentriwinkel der beiden Kreissektoren MAC und MBD bildet. Für deren Flächeninhalte gilt nach der Sektorformel $A_{Sek} = b_\varphi . \frac{r_k}{2} = \frac{r_k . \pi . \varphi}{180} . \frac{r_k}{2} = \frac{\pi . \varphi}{180} = \text{arc}\varphi$, für beide Sektoren zusammen also $2A_{Sek} = 2.\text{arc}\varphi = \text{arc}(2\varphi)$. Der Inhalt des noch fehlenden gleichschenkligen Dreiecks MCD wird nach der trigonometrischen Formel $A_\Delta = \frac{a.b}{2}.\sin\gamma$ berechnet, was für $a = b = \sqrt{2}$, für $\gamma = 180° - 2\varphi$ und nach dem Summensatz $\sin(\alpha_1 - \alpha_2) = \sin\alpha_1.\cos\alpha_2 - \cos\alpha_1.\sin\alpha_2$ zu $A_\Delta = \sin(2\varphi)$ führt. Der in Fig. 23 ausgewiesene, vom Durchmesser AB und einer dazu parallelen Sehne CD des Kreises k begrenzte Kreisstreifen hat somit den Flächeninhalt $A = \mathrm{arc}(2\varphi) + \sin(2\varphi)$.

Nun zur Entwurfidee: Mollweide bildet zunächst die durch den Nullmeridian halbierte vordere Halbkugel auf besagten Kreis k ab. Dieser hat mit $(\sqrt{2})^2.\pi = 2\pi$ denselben Flächeninhalt wie die vordere Hälfte der Einheitskugel, stellt also die von den Meridianen mit $\lambda = \pm 90°$ begrenzte Globushälfte flächentreu dar. Um zu den anderen Meridianbildern zu gelangen ist es nur notwendig, alle zur Strecke NS normalen Halbsehnen des Kreises k im gleichen Verhältnis $\frac{|\lambda|}{90}$, also auf eine Länge $\frac{|\lambda|}{90}.\sqrt{2}.\cos\varphi$ zu stauchen oder zu dehnen. Diese in RG I auf Seite 113 als Scheitelkreisaffinität bezeichnete Verzerrung des Kreises k führt zu Ellipsen, NS ist die Hauptachse für die im Kreis k liegenden und die Nebenachse für die den Kreis einschließenden Meridianbilder. Da sich die Stauchung/Streckung zufolge der für die Ellipse gültigen Flächenformel $A = a.b.\pi$ auch auf die Flächeninhalte überträgt, bleibt die Abbildung flächentreu; so hat etwa das von den Bildern der Datumsgrenze berandete Gesamtbild einen Flächeninhalt von $2.\sqrt{2}.\sqrt{2}.\pi = 4\pi$.

Das größere Problem stellt allerdings die geogr. Breite β dar. Würde man sie mit φ gleichsetzen, so ginge die Flächentreue verloren. Es muss vielmehr sichergestellt sein, dass jede halbe, vom Äquator und von einem β-Breitenkreis berandete Kugelzone flächenmäßig mit dem Kreisstreifen übereinstimmt, dessen Inhalt oben als $A = \mathrm{arc}(2\varphi) + \sin(2\varphi)$ ausgewiesen ist. Die halbe Kugelzone hat nach der bereits in UA 3.2 verwendeten Formel den Flächeninhalt $A = h.\pi = \sin\beta.\pi$. Der Zusammenhang zwischen φ und β wird somit durch die Gleichung

$$\text{arc}(2\varphi) + \sin(2\varphi) = \sin\beta.\pi \quad (26)$$

bestimmt, die in Fachkreisen als *Keplersche Funktionalgleichung* geführt wird. Wegen der Symmetrie zur x-Achse lässt sich die dieser Gleichung gehorchende Zuordnung der φ-Werte zu vorgegebenen β-Werten auf positive φ und β beschränken. Diese Zuordnung kann rechnerisch nur iterativ (z. B. durch das Newton-Verfahren) bewältigt werden. Im Buch von Müller-Kruppa (siehe Literaturverzeichnis) sind für alle geogr. Breiten von 10° zu 10° die zugehörigen sinφ-Werte auf vier Dezimalen genau angegeben, darunter für β = 30° der Wert sinφ ≈ 0,4040 und für β = 60° der Wert sinφ ≈ 0,7624. Diese Werte sind in Fig. 23 eingegangen.

Hinsichtlich der Abbildungsgleichungen des *Mollweide-Entwurfes* wird üblicherweise φ anstelle von β eingesetzt:

$$x = \frac{\lambda}{90}.\sqrt{2}.\cos\varphi,\ y = \sqrt{2}.\sin\varphi \quad (27)$$

Prof. Havlicek schreibt anstelle von φ hingegen t(β) und bringt damit den durch die Gleichung (26) definierten Funktionszusammenhang φ = t(β) zum Ausdruck.

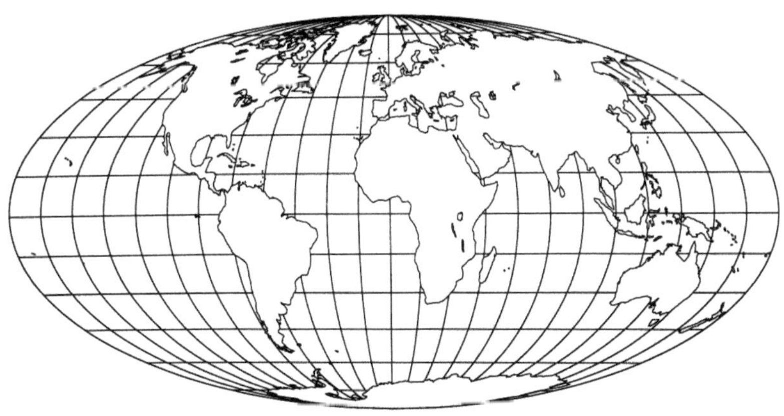

4.6 Der Entwurf von Sanson

Es handelt sich um einen hinsichtlich des Äquators und des Nullmeridians längentreuen, abweitungstreuen und flächentreuen unechten Zylinderentwurf. Zur Erreichung der Flächentreue nutzte der französische Geograph Nicolas Sanson d' Abbéville (1600 bis 1667) die Tatsache, dass zu jeder Funktionsgleichung der Gestalt $y = k.\cos x$ ($k \in R^+$) eine Kurve gehört, die mit der x-Achse den Flächeninhalt $A_k = 2k$ einschließt (Fig. 24).

$$A_k = 2.\int_0^{\frac{\pi}{2}} k.\cos x.dx = 2k.\sin x \Big|_0^{\frac{\pi}{2}} = 2k.(1-0) = 2k \quad (28)$$

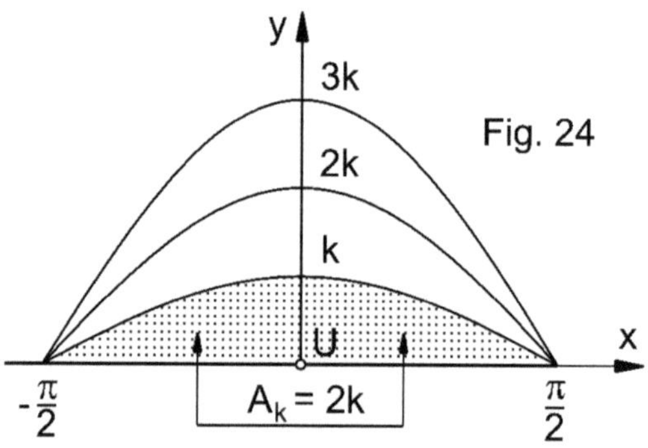

Fig. 24

Legt man (wie bei den echten Entwürfen) auf die x-Achse ein längentreues Äquatorbild, also eine Strecke von $-\pi$ bis π, wählt auf der y-Achse die Punkte $N(0, \frac{\pi}{2})$ und $S(0, -\frac{\pi}{2})$ als Polbilder und als Meridianbilder Sinuslinien von der in Fig. 24 eingetragenen Gestalt, so schließen diese mit dem Bild des Nullmeridians Flächen mit demselben Inhalt ein, wie ihn die zugeordneten sphärischen Zweiecke auf dem Globus besitzen. Denn für $k = \text{arc}|\lambda|$ gilt $A_k = 2\text{arc}|\lambda|$, z. B. entspricht $\lambda = 45°$ eine Flächenmaßzahl $\frac{\pi}{2}$, für $\lambda = 90°$ kommt π und für $\lambda = 180°$ kommt 2π. Die ganze Karte hat denselben Flächeninhalt wie die Oberfläche der Einheitskugel, nämlich 4π.

Die Breitenkreisbilder sind die von den beiden Bildern des 180°-Meridians begrenzten und zur x-Achse parallelen Strecken. Die Abbildungsgleichungen für den *Sanson-Entwurf* lauten also

$$x = \operatorname{arc}\lambda.\cos\beta,\ y = \operatorname{arc}\beta \qquad (29)$$

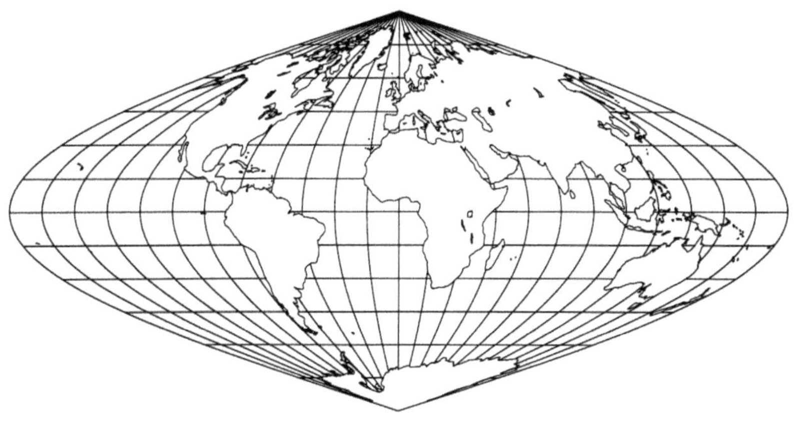

4.7 Der Entwurf V von Eckert

Der deutsche Geograph Max Eckert-Greifendorf (1868 bis 1938) kann als Begründer der Kartographie als einer akademischen Disziplin gelten und hat selbst sechs neue Kartenentwürfe erstellt, von denen der *Entwurf Eckert V* zu den einfacheren gehört. Denn Eckert hat dabei nur die quadratische Plattkarte (UA 4.3) und den Sanson-Entwurf (UA 4.6) miteinander „gekreuzt“ im Sinne einer Mittelung bei den zugehörigen Abbildungsgleichungen (23) und (29), die daher wie folgt lauten:

$$x = \frac{1}{2}.(\operatorname{arc}\lambda + \operatorname{arc}\lambda.\cos\beta) = \frac{\operatorname{arc}\lambda}{2}.(1+\cos\beta) \qquad (30a)$$

$$y = \frac{1}{2}.(\operatorname{arc}\beta + \operatorname{arc}\beta) = \operatorname{arc}\beta \qquad (30b)$$

Wie der Entwurf von Sanson gehört Eckert V zu den *Sinusoidal-Entwürfen*, bei denen die Meridiane als Sinuslinien abgebildet werden.

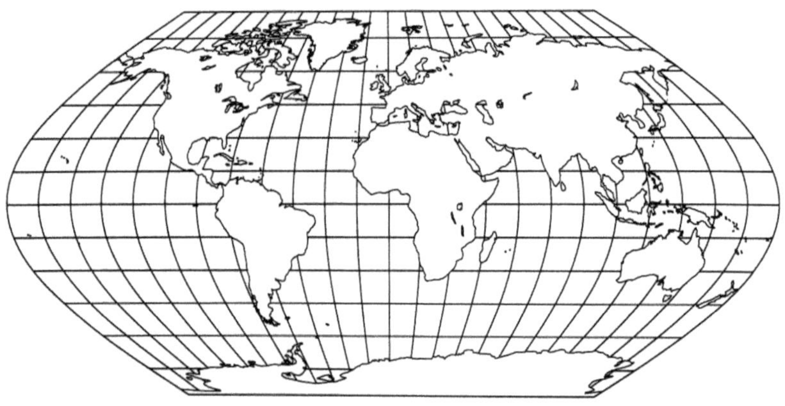

Vermittelnde Abbildungen

Eckert V dient hier auch als Beispiel für *vermittelnde Kartennetzentwürfe,* die zwar weder flächentreu noch winkeltreu sind, die aber andererseits alle Verzerrungen möglichst klein halten. Davon gibt es eine große Anzahl mit teilweise aufwändigen Abbildungsgleichungen. Im Diercke-Atlas wird für Weltkarten vor allem die *Winkel-Tripel-Projektion* verwendet, welche der deutsche Kartograph Oswald Winkel (1874 bis 1953) im Jahr 1921 veröffentlicht hat.

4.8 Transversale Zylinderentwürfe

Bereits in Fig. 6 ist ein halber Drehzylinder dargestellt, der den Globus längs eines Meridians berührt, dessen Achse daher in der Äquatorebene liegt. Es ist evident, dass es diese Lagebeziehung erlaubt, eine kleinere Umgebung des Berührmeridians, z. B. ein zu dessen Trägerebene symmetrisches, von zwei Meridianen berandetes sphärisches Zweieck, nur wenig verzerrt auf den Halbzylinder abzubilden. Fig. 25 veranschaulicht die Abbildung eines solchen Zweiecks mit einer Längenausdehnung $\Delta\lambda = 60°$ durch Netzprojektion. Die Meridianbilder sind bei einem solchermaßen *transversalen Zylinderentwurf* die verebneten Halbellipsen, die von den Längenkreisebenen aus der Zylinderfläche herausgeschnitten werden. Nach RG II, Seite 41, handelt es sich dabei um Sinuslinien, wie sie auch beim Sanson-Entwurf (UA 4.6) auftreten, mit der Amplitude $k = \tan\frac{\Delta\lambda}{2}$. Die Breitenkreise werden auf Zylindererzeugende abgebildet, deren Abstand der Graduierung des längentreuen Berührmeridians entspricht.

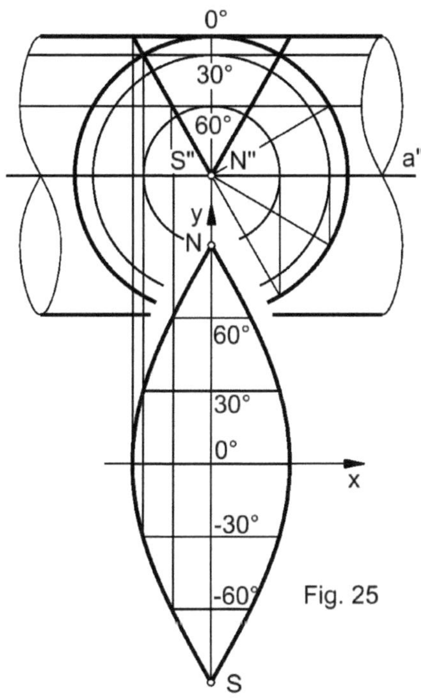

Fig. 25

Die Abbildungsgleichungen hinsichtlich des in Fig. 25 eingezeichneten Achsenkreuzes Uxy mit U(0°/0°) lauten daher

$$x = \tan\lambda.\cos\beta,\ y = \mathrm{arc}\beta \quad (31)$$

Eine Gegenüberstellung der Flächeninhalte von sphärischen Zweiecken mit der Längenausdehnung $\Delta\lambda$ und ihren Bildern auf dem

Drehzylinder zeigt mit abnehmendem $\Delta\lambda$ eine erhebliche Zunahme an Übereinstimmung. Die Flächenmaßzahl für das sphärische Zweieck ergibt sich durch Teilung der Kugelfläche 4π, die zugehörige Flächenmaßzahl auf dem Drehzylinder lässt sich nach Formel (28) sehr einfach berechnen.

Längendifferenz	60°	30°	15°	7,5°
Kugelfläche	2,094395	1,047198	0,523599	0,261799
Zylinderfläche	2,309401	1,071797	0,526610	0,262174
Differenz in %	10,265781	2,349031	0,575059	0,143240

Die Werte der letzten Spalte entsprechen der Längenausdehnung Österreichs zwischen 9,5° und 17° östl. Länge.

Transversale Mercatorprojektion, Gauß-Krüger und UTM

Die Abbildung größerer Gebiete durch transversale Zylinder verlangt danach, diese Prozedur für mehrere in regelmäßigen Abständen aufeinander folgende Berührmeridiane durchzuführen und die verebneten Bilder der sphärischen Zweiecke, oder zumindest Teile davon, aneinanderzureihen. Lücken- bzw. spaltenlos ist das aber nur möglich, wenn diese Bilder Rechteckstreifen sind, was durch eine *transversale Mercatorprojektion*, nämlich die Anwendung der Mercator-Dehnung in West-Ost-Richtung, realisiert werden kann. Jeder so zustande kommende Entwurf ist winkeltreu.

Die schon von Johann H. Lambert entwickelte transversale Mercatorprojektion wurde zuerst in Frankreich, ab 1814 auch in Österreich von der Geodäsie, bei der die Winkeltreue eine wesentlich größere Rolle spielt als die Flächentreue, in der Landesvermessung eingesetzt. Dabei wurden drei Grad breite Meridianstreifen zu Vermessungskarten zusammengefügt. Diese beziehen sich auf den Ferro-Meridian (17°40' westl. von Greenwich) als Nullmeridian, weil das Observatorium von Greenwich erst 1884 als internationaler Bezugspunkt für den Nullmeridian festgelegt worden ist. Der Ferro-Nullmeridian galt schon seit Ptolemäus als Grenze der (Alten) Welt und macht für Europa eine Unterscheidung in östl. und westl. Längen überflüssig. Für die österr. Landesvermessung hat der Ferro-Meridian zusätzlich den Vorteil, dass mit drei Meridianstreifen das Auslangen zu finden ist, weswegen das österr. Bundesamt für Eich- und Vermessungswesen auch heute noch an ihm festhält. Diese Kartierung ist im Laufe der letzten 200 Jahre allerdings erheblich verbessert worden; so wurde ihr z. B. nach 1841 das Besselsche Erdellipsoid zugrunde gelegt.

Carl F. Gauß (siehe Personenregister) ging als Leiter der hannoveranischen Landesvermessung daran, diese zu modernisieren und die Vermessungskarten auf transversale Mercatorprojektion umzustellen. Er hinterließ dazu aber nur eine Reihe von ungeordneten Darstellungen. Diese wurden vom Mathematiker und Geodäten Louis Krüger (1857 bis 1923) aufgegriffen und vervollständigt. Dessen 1912 vorgestellte Arbeit mit dem Titel „Konforme Abbildung des Erdellipsoids in die Ebene" ist der deutschen Geodäsie sehr zustatten gekommen.

Wie im Titel von Krügers Arbeit schon abgedeutet, liegt der Abbildung als Urbild das Besselsche Erdellipsoid zugrunde, die Zylinder sind daher elliptische und berühren das Ellipsoid bei 6°, 9°, 12° und 15° östlicher Länge nach Greenwich-Zählung. Das ergibt vier drei Grad breite Meridianstreifen mit dem längentreuen Berührmeridian – bzw. mit dem Bild desselben – in der Mitte. Diese dem „princeps mathematicorum" zu Ehren als *Gauß-Krüger-Abbildung* bezeichnete Kartierung nimmt in der einschlägigen Literatur viel Platz ein.

Ähnliches gilt für das *UTM System* („Universal Transversal Mercatorprojektion"). Dieses auf dem *Internationalen Ellipsoid* (Harvard, 1924) aufbauende System überdeckt die Erde zwischen 84° nördlicher und 80° südlicher Breite vollständig. Es besteht aus 60 je sechs Grad breiten Meridianstreifen („Zonen"), deren Mitten bei 3°, 9°, 15° usw. östlicher und westlicher Länge liegen. Um größere Verzerrungen im Bereich der Grenzmeridiane zu vermeiden, wird der mittlere Meridian nicht längentreu, sondern mit dem Verjüngungsfaktor 0,9996 abgebildet. Das bedeutet, dass beim UTM-System eigentlich von einer *transversalen Schnittzylinderdarstellung* gesprochen werden muss. Eine Längentreue ergibt sich dadurch etwa 180 km links und rechts vom Bild des Mittelmeridians. Zufolge der breiteren Meridianstreifen erreicht das UTM-System nicht die Genauigkeit der Gauß-Krüger-Abbildung und auch nicht die der älteren Vorbilder.

Abschnitt 5:

Kegelentwürfe

Kegelentwürfe sind ihrem Grundgedanken nach bereits in der Einführung vorgestellt worden (Fig. 5). Dabei wird dem Globus (Mittelpunkt M) eine Drehkegelfläche (Spitze S, Öffnungswinkel ω) umschrieben, die diesen entweder längs eines Kreises k_0 berührt oder nach zwei Kreisen k_1 und k_2 schneidet. Entsprechend handelt es sich um einen *Berührkegel-* oder um einen *Schnittkegelentwurf.* Wir beschränken uns auf normale Entwürfe, wo also die Entwurfachse a = (SM) mit der Erdachse identisch ist. Dies entspricht auch der praktischen Anwendung der Kegelentwürfe für die Darstellung von Regionen mittlerer Größe in mittleren Breiten. Im Diercke-Atlas sind fünf abstandstreue Schnittkegelentwürfe enthalten, darunter gleich auf Seite 14/15 der ganze Alpenbogen zwischen 5° und 17° östl. Länge im Maßstab 1 : 2.250.000.

Bei den normalen Kegelentwürfen sind die Kreise k_0 bzw. k_1 und k_2 Breitenkreise mit den Radien $r_0 = \cos\beta_0$ bzw. $r_1 = \cos\beta_1$ und $r_2 = \cos\beta_2$. Der Wert β_0 wird wiederum als *Berührbreite*, die nunmehr verschiedenen Breiten β_1 und β_2 werden als *Schnittbreiten* bezeichnet. Die Abstände der Kreispunkte von der Spitze S sollen (als Seitenlängen der zugehörigen Drehkegel) mit s_0 bzw. s_1 und s_2 benannt werden.

Die räumliche Anordnung Kugel-Kegel ist nur eine gedachte. Tatsächlich werden die Meridian- und die Breitenkreisbilder direkt in den verebneten Kegelmantel, einen Kreissektor mit dem Scheitel S und dem Zentriwinkel ζ, eingetragen. Dabei geht man vom Berührkreis bzw. den beiden Schnittkreisen aus, die, einschließlich der Graduierung ihrer Punkte nach deren geogr. Längen, längentreu abgebildet werden. Nach UA 1.4 gilt $\zeta = \frac{360 r_0}{s_0}$ bzw. $\zeta = \frac{360.r_1}{s_1} = \frac{360.r_2}{s_2}$, woraus $\frac{r_1}{s_1} = \frac{r_2}{s_2}$ folgt, ein für die in UA 5.2 angestellten Überlegungen wichtiger Zusammenhang.

Die Meridiane werden auf ein Strahlbüschel mit dem Scheitel S entsprechend der Graduierung der längentreuen Breitenkreisbilder abgebildet, die weiteren Breitenkreise als Kreisbögen mit dem Mittelpunkt S und dem Radius s. Letzterer ist offensichtlich nur von der geogr. Breite β des betreffenden Kreises abhängig: $s = s(\beta)$. Die rechten Schnittwinkel zwischen Meridianen und Breitenkreisen übertragen sich auf das Bild des Gradnetzes, bei dem übrigens auch die Bilder der Pole in der Regel Kreisbögen sind.

Naturgemäß spielt die Größe des Winkels ζ eine maßgebliche Rolle und wird das Verhältnis $n = \zeta : 360°$ mit $0 < n < 1$ als *Winkelstauchfaktor* bezeichnet. Der Wert n bestimmt den Maßstab auf den längentreuen Bildern des Berührkreises bzw. der beiden Schnittkreise. Für den Polarwinkel φ hinsichtlich eines Polarkoordinatensystems mit S = U als Ursprung und dem Bild eines Mittelmeridians, vorzüglich des Nullmeridians, als Nullachse (x-Achse) gilt somit $\varphi = n.\lambda$. Zusammen mit der Länge des Radiusvektors $s = s(\beta)$ kann so jedem Punkt P(λ/β) genau ein Punkt im Kegelentwurf zugeordnet werden, und letztlich erlaubt die Formelgruppe (2) eine Umrechnung auf kartesische Koordinaten in einem Achsensystem Uxy.

Auch hinsichtlich n erweisen sich die Azimutalentwürfe (n = 1) und die Zylinderentwürfe (n = 0) als Sonderfälle der Kegelentwürfe.

Bei den Berührkegelentwürfen ist der Zusammenhang zwischen dem Winkelstauchfaktor n und der geogr. Breite β_0 des Berührkreises recht einfach, wie Fig. 26 unschwer erkennen lässt. In diesem Fall ist nämlich $\beta_0 = \frac{\omega}{2}$, damit $s_0 = \cot\beta_0 = \frac{1}{\tan\beta_0} = \frac{\cos\beta_0}{\sin\beta_0}$, und zusammen mit $r_0 = \cos\beta_0$ folgt daraus $n = \frac{\zeta}{360} = \frac{r_0}{s_0} = \cos\beta_0 . \frac{\sin\beta_0}{\cos\beta_0} = \sin\beta_0$. Damit ist auch ein direkter Zusammenhang zwischen ζ und β_0 hergestellt, nämlich $\zeta = 360.\sin\beta_0$.

Nicht so einfach zu berechnen ist der Winkelstauchfaktor bei den Schnittkegelentwürfen, und die Erstellung der Funktionsgleichung $s = s(\beta)$ ist bei den meisten Kegelentwürfen etwas mühsam. Im Sinne der im Vorwort genannten Absicht, die geneigten Leserinnen und Leser hinsichtlich ihrer mathematischen Leistungsfähigkeit nicht zu überfordern, beschränkt sich die weitere Darstellung daher beispielhaft auf die noch verhältnismäßig gut durchschaubaren abstandstreuen Kegelentwürfe und wird damit auch abgeschlossen.

5.1 Der abstandstreue Berührkegelentwurf

Auch dieser Kartennetzentwurf geht schon auf Ptolemäus, also auf das zweite nachchristliche Jahrhundert zurück. Nach den allgemeinen Ausführungen gelten für die Polarkoordinaten φ und s des dem Ort P(λ/β) zugeordneten Punktes auf der Karte die Funktionsgleichungen $\varphi = n.\lambda = \sin\beta_0.\lambda$ und $s = s(\beta)$; die Länge s des Radiusvektors ist also nur von der geogr. Breite β abhängig.

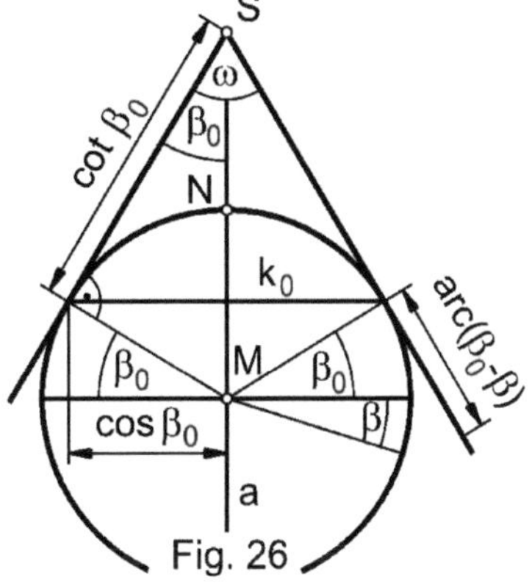

Fig. 26

Die Funktionsgleichung $s = s(\beta)$ ist wegen der Abstandstreue noch relativ einfach herzuleiten. Der Wert $s_0 = \cot\beta_0$ muss für alle anderen Breiten nur um $\text{arc}\beta_0 - \text{arc}\beta = \text{arc}(\beta_0 - \beta)$ verkürzt oder verlängert werden (Fig. 26). Also gilt $s(\beta) = \cot\beta_0 + \text{arc}(\beta_0 - \beta)$. Daraus ergeben sich nach Formelgruppe (2) für ein kartesisches Rechtssystem Uxy mit U = S und einer auf dem Bild des Nullmeridians nach Süden weisenden x-Achse die Abbildungsgleichungen

$$x = [\cot\beta_0 + \text{arc}(\beta_0 - \beta)].\cos(\sin\beta_0.\lambda) \quad (32a)$$
$$y = [\cot\beta_0 + \text{arc}(\beta_0 - \beta)].\sin(\sin\beta_0.\lambda) \quad (32b)$$

Die aufgrund dieser Gleichungen erstellte Computergraphik veranschaulicht einen *abstandstreuen Berührkegelentwurf* mit der Berührbreite $\beta_0 = 50°$.

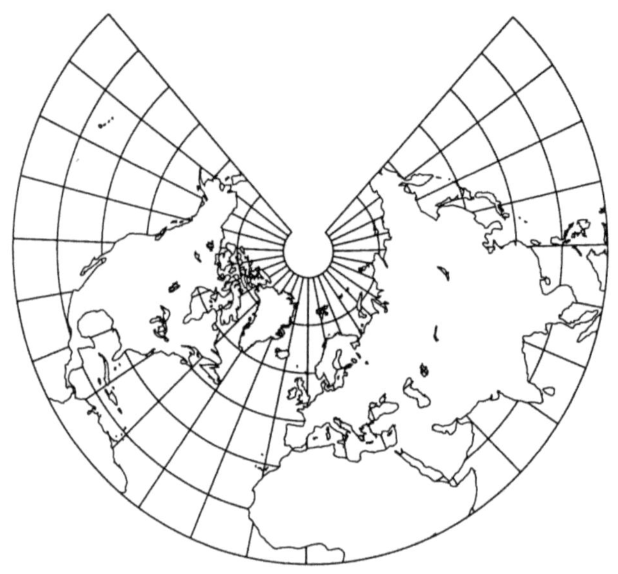

5.2 Der abstandstreue Schnittkegelentwurf

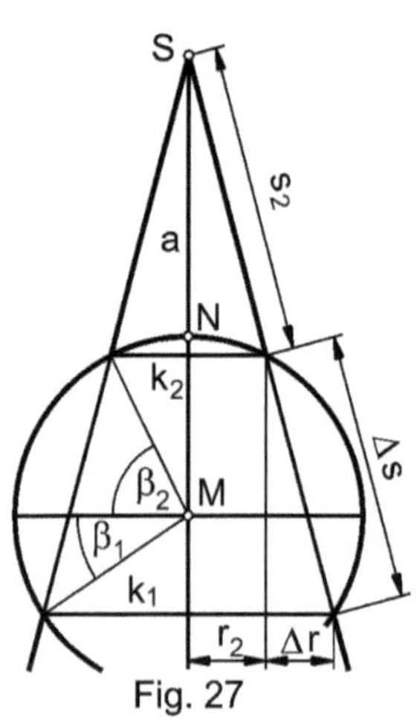

Fig. 27

Vorausgesetzt werden $\beta_1 < \beta_2$ sowie $\cos\beta_1 > \cos\beta_2$, was für einen Globus mit dem Mittelpunkt M und einen Kegel mit der Spitze S immer gilt, wenn der Nordpol auf der Achse a = (MS) zwischen M und S liegt. Es sei $r_1 - r_2 = \Delta r = \cos\beta_1 - \cos\beta_2$ und $s_1 - s_2 = \Delta s = \mathrm{arc}\beta_2 - \mathrm{arc}\beta_1 = \mathrm{arc}(\beta_2 - \beta_1)$. Das entspricht zwar nicht dem in Fig. 27 veranschaulichten Sachverhalt, weil hier der Kreisbogen anstelle der Kreissehne verwendet wird, erfüllt aber die Bedingung der Abstandstreue.

Anders ausgedrückt: Der entstehende Kegelentwurf ist mit der Verebnung des in Fig. 27 dargestellten Verbindungskegels der Kreise k_1

und k_2 nicht identisch. Sein Zentriwinkel ist vielmehr über den Winkelstauchfaktor n durch die Forderung nach Abstandstreue bestimmt. Einen Beleg dafür liefert das abschließende Beispiel, das auch die Richtigkeit von Fig. 5 relativiert bzw. auf Netzprojektion einschränkt.

Für den Winkelstauchfaktor n muss nach den allgemeinen Überlegungen für Schnittkegel $n = \zeta : 360° = \frac{r_1}{s_1} = \frac{r_2}{s_2}$ und wegen $r_1 = r_2 + \Delta r$ und $s_1 = s_2 + \Delta s$ dann auch $\frac{r_2 + \Delta r}{s_2 + \Delta s} = \frac{r_2}{s_2}$ gelten. Die Umformung dieser Bruchgleichung führt zu $r_2.s_2 + \Delta r.s_2 = r_2.s_2 + \Delta s.r_2$, also $\Delta r.s_2 = \Delta s.r_2$ und schließlich zu $\frac{\Delta r}{\Delta s} = \frac{r_2}{s_2} = n$. Hier sind Δr und Δs nur mehr durch die rechts neben Fig. 27 angegebenen Terme zu ersetzen:

$$n = \frac{\cos\beta_1 - \cos\beta_2}{\operatorname{arc}(\beta_2 - \beta_1)} \quad (33)$$

Zur Ermittlung der Funktionsgleichung $s = s(\beta)$ gehen wir, analog zum Kreis k_0 beim Berührkegelentwurf, vom Kreis k_2 bzw. von der zugehörigen Länge s_2 aus. Diese ist dann nur, wie in UA 5.1 argumentiert, um $\operatorname{arc}\beta_2 - \operatorname{arc}\beta = \operatorname{arc}(\beta_2 - \beta)$ zu verlängern oder zu verkürzen.

Wegen $\frac{r_2}{s_2} = n$ gilt $s_2 = \frac{r_2}{n} = \frac{\cos\beta_2.\operatorname{arc}(\beta_2 - \beta_1)}{\cos\beta_1 - \cos\beta_2}$ und damit

$$s(\beta) = \frac{\cos\beta_2.\operatorname{arc}(\beta_2 - \beta_1)}{\cos\beta_1 - \cos\beta_2} + \operatorname{arc}(\beta_2 - \beta) \quad (34)$$

Das folgende Beispiel demonstriert das Zustandekommen des Gradnetzes eines *abstandstreuen Schnittkegelentwurfes* durch Rechnung und Konstruktion, womit auch die Gültigkeit der Formeln (33) und (34) anhand der konkreten Schnittbreiten $\beta_1 = 0°$ und $\beta_2 = 60°$ eine Bestätigung findet.

Für die Berechnung von n wird $\cos 0° = 1$, $\cos 60° = \frac{1}{2}$ und $\text{arc}60° = \frac{\pi}{3}$ in Formel (33) eingesetzt, was $n = \frac{3}{2\pi}$ ergibt. Aus Formel (34) folgt $s(0°) = \frac{\cos 60°}{n} + \text{arc}60° = \frac{\pi}{3} + \frac{\pi}{3} = \frac{2\pi}{3}$ und $s(60°) = \frac{\pi}{3} + \text{arc}0° = \frac{\pi}{3}$. Die auf gleichem Weg ermittelten Werte $s(30°) = \frac{\pi}{2}$ und $s(90°) = \frac{\pi}{6}$ bestätigen die Abstandstreue.

Für eine Zeichnung (Fig. 28) wird der Zentriwinkel $\zeta = 360.n = \frac{540}{\pi} \approx 172°$ benötigt und, unter Annahme eines bestimmten Ähnlichkeitsfaktors k, das entsprechende Winkelfeld durch das Bild des Äquatorkreises mit dem Radius k.s(0°) begrenzt. In den so entstehenden Kreissektor können dann Meridian- und Breitenkreisbilder in beliebiger Dichte eingetragen werden.

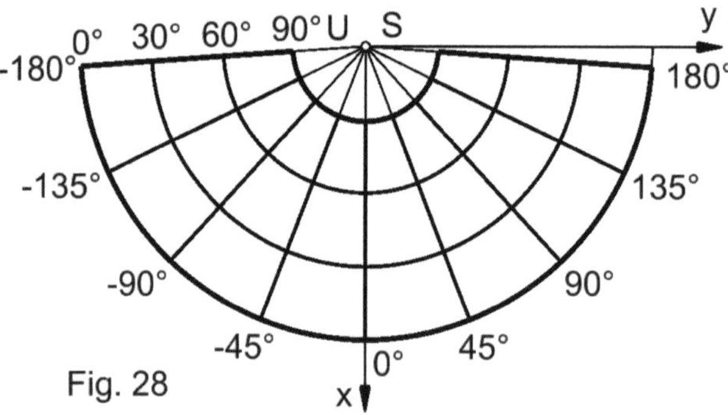

Fig. 28

Die Überprüfung der Längentreue der Bilder der beiden Schnittkreise sei Leserinnen und Lesern überlassen, welche Rechenerfolge lieben.

Die Abbildungsgleichungen des abstandstreuen Schnittkegelentwurfes können unter Benützung der Formelgruppe (2) und mit Hilfe der Formeln (33) und (34) wie folgt erstellt werden:

$$x = s(\beta).\cos(n.\lambda),\ y = s(\beta).\sin(n.\lambda) \quad (35)$$

Die beiden abschließenden Computergraphiken zeigen den Sonderfall mit Schnittbreiten $\beta_1 = 50°$ und $\beta_2 = 90°$, bei dem also der Nordpol einen Schnittkreis bildet, was N = S zur Folge hat, sowie den allgemeinen Fall mit den Schnittbreiten $\beta_1 = 25°$ und $\beta_2 = 55°$.

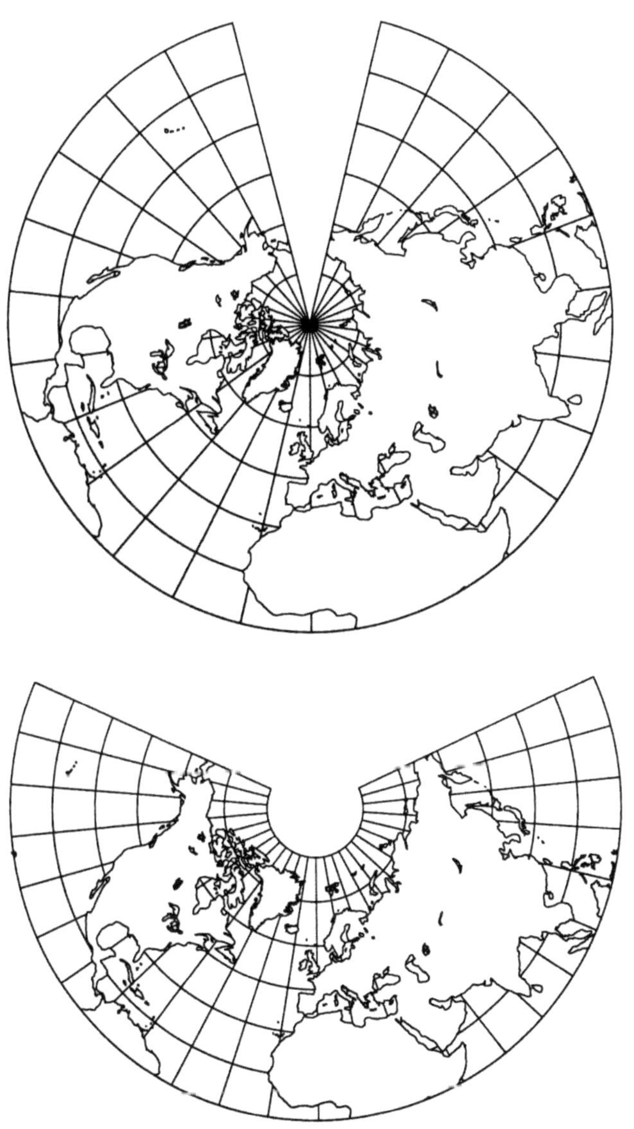

Für den Sonderfall lauten die Abbildungsgleichungen

$$x = [\mathrm{arc}(90° - \beta)].\cos(\frac{\cos 50°}{\mathrm{arc}40°}.\lambda) \quad (36a)$$

$$y = [\mathrm{arc}(90° - \beta)].\sin(\frac{\cos 50°}{\mathrm{arc}40°}.\lambda) \quad (36b)$$

und für den allgemeinen Fall

$$x = [\frac{\cos 55°.\mathrm{arc}30°}{\cos 25° - \cos 55°} + \mathrm{arc}(55° - \beta)].\cos(\frac{\cos 25° - \cos 55°}{\mathrm{arc}30°}.\lambda) \quad (37a)$$

$$y = [\frac{\cos 55°.\mathrm{arc}30°}{\cos 25° - \cos 55°} + \mathrm{arc}(55° - \beta)].\sin(\frac{\cos 25° - \cos 55°}{\mathrm{arc}30°}.\lambda) \quad (37b)$$

Sachregister

Das Register enthält alle Begriffe, die im Text *kursiv* gesetzt sind.

Z

Personenregister

Archimedes, * 287 v. Chr. (?) in Syrakus, † 212 v. Chr. in Syrakus, der produktivste Mathematiker, Naturwissenschafter und Techniker des Altertums. Wichtige Leistungen: Quadratur- und Kubaturformeln mittels infinitesimaler Methoden, Approximation von π, Konstruktion regelmäßiger Vielecke, Anwendungen der Mathematik in der Mechanik.

Bretterbauer Kurt, Dr. techn., österr. Geodät, Astronom und Mathematiker, * 31. Jänner 1929 in Wien, von 1973 bis 1997 Universitätsprofessor (Ordinarius) für theoretische Geodäsie an der TU Wien, † 26. Februar 2009 in Bad Vöslau.

Descartes, René, latinisiert Renatus Cartesius, * 1596 in La Haie-Descartes (Touraine), † 1650 in Stockholm, französischer Philosoph („Cogito, ergo sum"), Mathematiker und Naturwissenschafter. D. erkannte als Erster den engen Zusammenhang zwischen Geometrie und Algebra, er ist der Begründer der Koordinatengeometrie.

Dürer, Albrecht, * 1471 in Nürnberg, † 1528 ebenda, deutscher Maler, Zeichner, Graphiker und Kunstschriftsteller. Von seinen schriftlichen Anweisungen zur konstruktiven Geometrie sind die „Unterweisung der Messung mit Zirkel und Richtscheit" von 1525 und die postum erschienene „Proportionslehre" die wichtigsten.

Gauß, Carl Friedrich, * 1777 in Braunschweig, † 1855 in Göttingen, genialer deutscher Mathematiker, Physiker und Astronom, bereits zu Lebzeiten als „princeps mathematicorum" bezeichnet. Legendär sind die Summenformel 1 + 2 + ... + n = n/2.(n + 1) des achtjährigen Gauß, durch die Lehrer Büttner auf ihn aufmerksam wurde, und der Beweis des Fundamentalsatzes der Algebra in seiner Dissertation.

Hipparchos von Nicäa wurde um 190 v. Chr. in Nicäa (bei Byzanz) geboren und ist um 120 v. Chr. wahrscheinlich auf Rhodos verstorben. Er war der bedeutendste Astronom seiner Zeit, aber auch als Geograph und Mathematiker tätig. So geht etwa die Festlegung von Positionen auf der Erde durch geogr. Koordinaten auf ihn zurück, wiewohl schon Eratosthenes (ca. 276 bis 194 v. Chr.) mit Meridianen und Breitenkreisen gearbeitet hat.

Kepler, Johannes, * 1571 in Weil, † 1630 in Regensburg. Nach dem Studium der evang. Theologie in Tübingen Mathematiker in Graz, ab 1600 in Prag Hofastronom Kaiser Rudolf II., nach dessen Tod als Physiker und Mathematiker in Linz, ab 1628 für Wallenstein tätig. Im gegenständlichen Zusammenhang sind vor allem seine drei Gesetze über den Verlauf der Planetenbahnen nennenswert.

Kopernikus, Nikolaus, eigentlich Niklas Koppernigk, wurde 1473 als Sohn eines wohlhabenden Kupferhändlers in Thorn geboren und ist 1543 in Frauenburg (am Frischen Haff) gestorben. Die Familie Koppernigk gehörte zur deutschsprachigen Bürgerschaft der pommerschen Hansestadt Thorn. Nach dem frühen Tod seines Vaters kümmerte sich ein Onkel, der Kleriker Lucas Watzenrode, ab 1489 Fürstbischof von Ermland, um die Ausbildung der Kinder seiner Schwester. Nikolaus wurde Domherr zu Frauenburg und studierte u. a. in Bologna, Rom, Padua und Ferrara Jura, Medizin, Mathematik und Astronomie. In seinem Hauptwerk „De revolutionibus orbium coelestinum" verwirft Kopernikus das geozentrisches Weltbild des Ptolemäus und stellt ihm ein heliozentrisches gegenüber. Dabei konnte er allerdings bereits auf Studien des Neuplatonikers Nikolaus v. Kues vulgo Cusanus (1401 bis 1461), u. a. Bischof von Brixen, und von Johann(es) Müller vulgo Regiomontanus (1436 bis 1476), des bedeutendsten Mathematikers seiner Zeit, zurückgreifen. Kopernikus wurde für sein Weltbild aber mehr belächelt als von der Kirche als Ketzer verfolgt, wie das später z. B. bei Galileo Galilei (1564 bis 1642) der Fall war. Es waren vor allem die Forschungsergebnisse von Galilei, Kepler und Newton, die der Kopernikanischen Wende aufgrund physikalischer Tatsachen zum Durchbruch verholfen haben.

Kremer, Gerhard de, latinisiert Gerardus Mercator, deutsch auch Gerhard Krämer, * 1512 in Rupelmonde, Grafschaft Flandern, † 1594 Duisburg, damals Vereinigte Herzogtümer Jülich-Kleve-Berg. Der Geograph, Kartograph, Kosmograph, Theologe und Philosoph wurde schon zu Lebzeiten als der Ptolemäus seiner Zeit angesehen und erlangte Berühmtheit bis in die arabisch-islamische Welt hinein. Neben seiner wissenschaftlichen Tätigkeit war er auch Globen- und Kartenhersteller, auf ihn geht der Name „Atlas“ für Kartensammlungen zurück. Er wollte damit dem sagenumwobenen König Atlas von Mauretanien, auf den die Astrologie zurückgehen soll, ein Denkmal setzen.

Lambert, Johann Heinrich, Physiker, Mathematiker und Philosoph, * 1728 in Mühlhausen, † 1777 in Berlin, war neben Gottfried W. Leibniz und Chr. Wolff (1679 bis 1754) der bedeutendste Vertreter des deutschen Rationalismus, entwarf eine als „Phänomenologie“ bezeichnete Lehre vom Schein in den Erscheinungen und führte in der „Semiontik“ die sprachphilosophischen Ansätze von Leibniz weiter. Als Physiker entdeckte und klärte er die Messung der Lichtstärke und die Gesetzmäßigkeiten der Lichtassorption und begründete damit die Photometrie. Lambert stellte auch ein Gesetz für die Kometen- und Planetenbewegung auf, als Mathematiker verbesserte er die Trigonometrie und wies die Irrationalität der Kreiszahl π nach. Zur Kartographie hat Lambert etliche wichtige Entwurfideen beigesteuert, darunter den flächentreuen Azimutalentwurf, den flächentreuen, auf einem Satz des Archimedes aufbauenden Zylinderentwurf und die winkeltreue transversale Mercatorprojektion. Der ebenso elegante wie rechnerisch einfach zu handhabende Azimutalentwurf gehört ob seiner Genauigkeit zu den bei der Kartenherstellung am häufigsten verwendeten Verfahren. Die transversale Mercatorprojektion bildet die Grundlage für die in der Geodäsie eingesetzten Karten, u. a. die Gauß-Krüger-Abbildung und das UTM-System.

Leibniz, Gottfried Wilhelm, deutsches Universalgenie (Philosoph, Mathematiker, Physiker, Techniker, Jurist, politischer Schriftsteller, Geschichts- und Sprachforscher), * 1646 in Leipzig, † 1716 in Hannover. Leibniz trug entscheidend zur Entwicklung der Infinitesimalrechnung bei, zeitlich zwar nach der im Prinzip gleichartigen, allerdings wesentlich unhandlicheren Fluxionsrechnung Isaac Newtons, aber unabhängig von diesem. Der heftig ausgetragene Prioritätsstreit schadete vor allem der englischen Mathematik, welche lange Zeit glaubte, das Leibnizsche Kalkül ignorieren zu können.

Newton, Isaac, engl. Physiker und Mathematiker, * 1643 in Woolsthorpe (Lincolnshire), † 1727 in Kensington (London). Der wohl berühmteste Wissenschafter Großbritanniens leitete u. a. die Keplerschen Planentengesetze aus dem von ihm gefundenen Gravitationsgesetz und der von ihm entwickelten Fluxionsrechnung ab. Zusammen mit seinen Axiomen der Mechanik schuf er damit die Basis für die klassische theoretische Physik und die Himmelsmechanik.

Ptolemäus, Claudius, um 100 n. Chr. geborener, in Alexandria wirkender und vermutlich auch dort um 160 n. Chr. verstorbener griechischer Mathematiker, Geograph, Astronom, Musiktheoretiker und Philosoph. Sein schriftlicher Nachlass galt in Europa bis in die frühe Neuzeit hinein als wissenschaftlicher Standard und wichtiges Datenmaterial. Seine heutzutage als „Almagest" bezeichneten 13 Bücher zur Mathematik und Astronomie waren bis zum Ende des Mittelalters unbestritten und enthalten eine detaillierte Ausarbeitung des geozentrischen Weltbildes, das später nach ihm als ptolemäisches Weltbild bezeichnet worden ist. Damit verwarf er das schon Jahrhunderte vor ihm von Aristarchos von Samos (ca. 310 bis 230 v. Chr.) und anderen griechischen Wissenschaftern vertretene heliozentrische Weltbild, das in Europa erstmals um 1500 von Nikolaus Kopernikus propagiert worden ist, das sich aber erst mit erheblicher Zeitverzögerung endgültig durchsetzen konnte.

Stabius, Johannes, ist der Humanistenname eines aus der Umgebung von Steyr/OÖ stammenden Johann Stöberer oder Stöbrer, jedenfalls nicht Stab, wie fälschlicherweise in die Benennung seines Kartenentwurfes eingeflossen ist. Der Name taucht in der schriftlichen Überlieferung erstmals im Jahr 1482 anlässlich seiner Immatrikulation an der Universität Ingolstadt auf. Geboren worden sein dürfte Stabius um 1460, gestorben ist er zu Neujahr 1522 in Graz. Ab 1502 lehrte er an der Wiener Universität Mathematik und diente Kaiser Maximilian I. als Hofastronom und Histograph. In Humanistenkreisen genoss er wegen seiner unaufdringlichen Intelligenz und seiner verbindlichen Art großes Ansehen. Seine wissenschaftlichen Erkenntnisse publizierte er nicht selber, entsprechende Hinweise verdanken wir hauptsächlich seinem Schüler Georg Tannstetter vulgo Collimitius (1482 bis 1535). Die von Stabius um 1500 entwickelte Herzkarte wurde allerdings von Johannes Werner (1468 bis 1522), Mathematiker und Pfarrer von St. Lorenz in Nürnberg, im Jahr 1514 veröffentlicht. Aus dem Jahr 1512 stammt der Entwurf für die Weltkarte von Albrecht Dürer, mit dem Stabius eng befreundet war.

Thales von Milet, geboren um 624 v. Chr. in Milet, einem Ort an der kleinasiatischen Küste nahe dem heutigen Izmir, gestorben um etwa 546 v. Chr, griechischer (?) Philosoph und Mathematiker. Die ersten mathematischen Beweise, wie etwa der des nach ihm benannten Satzes, sollen auf Thales zurückgehen.

„Wiener Schule" der Geometrie: Begründet von R. Staudigl (1838 bis 1891) an der TU Wien und maßgeblich weiterentwickelt von E. Müller (1861 bis 1927) und Th. Schmid (1859 bis 1936) sowie deren Nachfolgern als Professoren an der genannten Universität, nämlich E. Kruppa, L. Eckhart, J. Krames, W. Wunderlich, H. Brauner, H. Stachel, H. Pottmann, H. Havlicek u. a.

Der Autor

Der 1941 in Wien geborene Autor studierte ab 1959 ebendort Mathematik und Darstellende Geometrie für das Lehramt an Höheren Schulen. Die Abschlussprüfungen legte er bei den Professoren Edmund Hlawka (1916 – 2009) und Walter Wunderlich (1910 – 1998) ab. Zwischen 1968 und 2002 unterrichtete er an mehreren Höheren Schulen in Steyr/OÖ, von 1984 bis 2002 war er der Direktor des BRG Steyr-Michaelerplatz.

Für ein in den 1980er-Jahren bei HPT verlegtes Lehrbuch der Darstellenden Geometrie war er als federführender Autor tätig. Im beruflichen Ruhestand hat er seine Autorentätigkeit über sein Fachgebiet hinaus auf geschichtliche und bildungspolitische Themen sowie auf die Bergsteigerei ausgedehnt.

Literatur

Bei der Abfassung dieses Büchleins hat der Autor auf folgende Veröffentlichungen, Lexika und Internet-Informationen zugegriffen:

BRETTERBAUER K., Die runde Erde eben dargestellt, Geowissenschaftliche Mitteilungen, Heft 59, Hochschülerschaft TU Wien 2002

GRILLMAYER D., Der Humanist Johannes Stabius aus Steyr, Jahresbericht des BRG Steyr-Michaelerplatz 2000/2001

GRILLMAYER D., Im Reich der Geometrie, Teil I, Ebene Geometrie, Books on Demand GmbH, Norderstedt 2009

GRILLMAYER D., Im Reich der Geometrie, Teil II, Räumliche Geometrie, Books on Demand GmbH, Norderstedt 2010

GRÖSSING H., Johannes Stabius. Ein Oberösterreicher im Kreis der Humanisten um Kaiser Maximilian I., Mitteilungen des oö. Landesarchivs, Band 9, S. 239-264, Linz 1968

GRÖSSING H., Humanistische Naturwissenschaft. Zur Geschichte der Wiener mathematischen Schulen des 15. und 16. Jahrhunderts, Habilitationsschrift, veröffentlicht in Saecula Spiritalia, Band 8, Verlag Valentin Koerner, Baden-Baden 1983

HAKE G., Kartographie I, Sammlung Göschen, 1982

HAVLICEK H., Von der Darstellenden Geometrie zu Kartenentwürfen am Personalcomputer, Skriptum Seminar ADG Strobl 1989

HAVLIVEK H., Formelsammlung zur Vorlesung Kartenentwürfe, www.geometrie.tuwien.ac.at/havlicek/publications.html unter Lecture Notes Nr. 9

HEFFELS M., Albrecht Dürer, sämtliche Holzschnitte, vollständiges Verzeichnis des Holzschnittwerkes, Berghaus-Verlag, Ramerding 1981

HEFFELS M., Meister um Dürer. Nürnberger Holzschnitte aus der Zeit um 1500 bis 1540, Berghaus-Verlag, Ramerding 1981

KAISER H. – NÖBAUER W., Geschichte der Mathematik, 2. Auflage, Hölder-Pichler-Tempsky, Wien 1998

MÜLLER E. – KRUPPA E., Lehrbuch der darstellenden Geometrie, Springer-Verlag, 5. Auflage, Wien 1948

WUNDERLICH W., Darstellende Geometrie II, Bibliographisches Institut AG, Mannheim 1967

***

DER GROSSE BROCKHAUS, F. A. Brockhaus, 18. Auflage, Wiesbaden 1979

DIERCKE WELTATLAS ÖSTERREICH, Westermann, 5. Auflage, Wien 2014

MEYERS NEUES LEXIKON, Bibliographisches Institut AG, Mannheim 1979

WIKIPEDIA, freie Online-Enzyklopädie

Abkürzungen und Symbole

a. a. O.	am angegebenen Ort
allg.	allgemein(er/e/es)
bzw.	beziehungsweise
ca.	zirka
DG	Darstellende Geometrie
d. h.	das heißt
Fig.	Figur
geogr.	geographisch(er/e/es)
geom.	geometrisch(er/e/es)
griech.	griechisch(er/e/es)
i. A.	im Allgemeinen
lat.	lateinisch(er/e/es)
n. Chr.	nach Christus
österr.	österreichisch(er/e/es)
östl.	östlich(er/e/es)
RG I	„Im Reich der Geometrie I"
RG II	„Im Reich der Geometrie II"
u. a.	unter anderem
UA	Unterabschnitt
usw.	und so weiter
v. Chr.	vor Christus
westl.	westlich(er/e/es)
z. B.	zum Beispiel

(AB)	Verbindungsgerade der Punkte A und B
AB	Strecke mit den Endpunkten A und B
$\overline{AB}$	Länge der Strecke AB
(ABC)	Verbindungsebene der Punkte A, B und C
$\angle ABC$	Winkel bei B
R^+	Menge der positiven reellen Zahlen
$\in$	ist Element von
$\Rightarrow$	daraus folgt
$\leftrightarrow$	bijektiv zugeordnet

Eine Nennung entfällt bei den gängigsten Mathematik-Symbolen und bei Symbolen, die im Text erklärt werden.

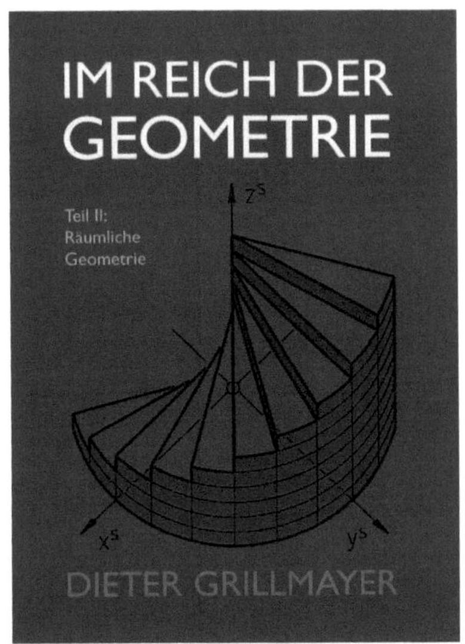

Das Buch „Im Reich der Geometrie" (Teil I: Ebene Geometrie, Teil II: Räumliche Geometrie) wurde aus Freude an Geometrie für Freunde der Geometrie geschrieben, insbesondere für solche, die verschüttetes Wissen und Können wieder ausgraben wollen. Es enthält in kompakter Form einen sowohl hinsichlich rechnerischer, insbesondere algebraischer, als auch konstruktiver Geometrie durchkomponierten Lehrgang, dessen Abfolge den schulischen Geometrieunterricht nachvollzieht, in beiden Teilen aber über das Reifeprüfungsniveau hinausführt.

Auf Grund der zahlreichen Anregungen zum „Weiterdenken" könnte das Buch auch mithelfen, entsprechend begabte Schülerinnen und Schüler für eine erfolgreiche Teilnahme an Mathematik-Wettbewerben fit zu machen und bei der Abfassung vorwissenschaftlicher Arbeiten in Mathematik oder Darstellender Geometrie zu unterstützen.

Herstellung und Verlag:
Books on Demand GmbH, Norderstedt

Teil I: ISBN 978-3-8370-2335-0, 196 Seiten, Großformat, € 19,80
Teil II: ISBN 978-3-8391-5593-6, 212 Seiten, Großformat, € 19,80

Semper et ubique

Unvergängliches und allgegenwärtiges Latein

In einer Bildungsgesellschaft sollte unbestritten sein, dass Latein ein abendländisches Kulturgut ersten Ranges ist, dem im Schulunterricht die Funktion eines europäischen Integrationsfaches zukommt. Der Praxisbezug ist dadurch gegeben, dass das Lateinische eine gute Grundlage für das Erlernen lebender Sprachen darstellt, dass es für das Fremdwörter-Verständnis einen wichtigen Beitrag leistet und dass Latein vermöge seiner strengen Grammatik das Verständnis für die Struktur der Muttersprache fördert. „Semper et ubique" möchte dazu beitragen, dieses Bewusstsein zu festigen. Neben einem grundlegenden Grammatikwissen vermittelt das Büchlein den Zugang zu Hunderten von lateinischen Spruchweisheiten, Floskeln und Fremdwörtern, ihrer Herkunft und Übersetzung, eingebettet in das historisch-kulturell-politische Umfeld.

ISBN 978-3-7386-2576-9, 96 Seiten, A5-Format, 2. Aufl. 2015, € 6,-

Schätze der Mathematik:

FOLGEN und REIHEN

Dieser Lehrgang baut auf der Pflichtschul-Mathematik auf und führt den für die Höhere Mathematik grundlegenden Grenzwertbegriff ebenso exakt wie anschaulich ein. Weiters erlaubt dieses Thema, auf viele Schätze der Mathematik, wie sie (u. a.) von Archimedes, Euklid, Fibonacci, Pascal, Euler, Gauß und Cantor gehoben worden sind, einzugehen. Bei aller fachlichen Wissensvermittlung steht das Bemühen im Vordergrund, das wesentlichste Bildungsziel der Mathematik an Gymnasien zu fördern, nämlich logisch, strukturiert, ganzheitlich, vernetzt und nachhaltig denken zu lernen und diese Fähigkeit in allen Lebenslagen anwenden zu können.

ISBN 9783738656923, 100 Seiten, A5-Format, 2. Aufl. 2015, € 6,--